DES MODIFICATIONS

DE LA

FLORE DE MONTPELLIER

DEPUIS LE XVIᵉ SIÈCLE JUSQU'A NOS JOURS

PAR

G. PLANCHON

Docteur ès-Sciences,

Professeur-Agrégé à la Faculté de Médecine de Montpellier, Ex-Professeur de Botanique à l'Académie de
Lausanne, Membre de la Société d'Horticulture et de Botanique de l'Hérault, de la Société Vaudoise
des Sciences Naturelles, etc.

PARIS

SAVY, LIBRAIRE-ÉDITEUR, RUE HAUTEFEUILLE, 24

MONTPELLIER

BOEHM ET FILS, IMPRIMEURS, PLACE DE L'OBSERVATOIRE.

1864

DES MODIFICATIONS

DE LA

FLORE DE MONTPELLIER

DEPUIS LE XVIᵉ SIÈCLE JUSQU'A NOS JOURS

PAR

G. PLANCHON

Docteur ès-Sciences,

Professeur-Agrégé à la Faculté de Médecine de Montpellier, Ex-Professeur de Botanique à l'Académie de
Lausanne, Membre de la Société d'Horticulture et de Botanique de l'Hérault, de la Société Vaudoise
des Sciences Naturelles, etc.

PARIS

SAVY, LIBRAIRE-ÉDITEUR, RUE HAUTEFEUILLE, 24

MONTPELLIER

BOEHM ET FILS, IMPRIMEURS, PLACE DE L'OBSERVATOIRE.

—

1864

A MON FRÈRE

J.-E. PLANCHON,

Professeur de Botanique à la Faculté des Sciences de Montpellier,
Directeur de l'École de Pharmacie de Montpellier,
Membre de l'Académie des Sciences et Lettres de Montpellier, etc., etc.

A MON AMI

Jules De SEYNES,

Professeur-Agrégé à la Faculté de Médecine de Paris, etc., etc.

G. PLANCHON.

A MON FRÈRE

DES MODIFICATIONS

DE LA

FLORE DE MONTPELLIER

Depuis le XVIe siècle jusqu'à nos jours.

⟨⟩

INTRODUCTION
HISTORIQUE.

Peu de régions sont aussi classiques en histoire naturelle que celle de Montpellier. Depuis l'époque où les sciences d'observation, abandonnant les errements du moyen âge, trouvent leur véritable voie dans l'examen direct de la nature, des maîtres illustres se succèdent dans notre Université et de nombreux disciples s'associent à leurs travaux. Aucune époque ne reste stérile; toutes apportent leur contingent d'observations et contribuent ainsi à former une des littératures scientifiques les plus riches dont une région puisse se glorifier. Plus que toute autre science, la botanique a la bonne fortune d'être constamment et sérieusement étudiée. Du

XVIe siècle jusqu'à nos jours, notre flore est sans cesse explorée, et des ouvrages importants nous en conservent la physionomie à des époques diverses.

Une série de mémoires, dont nous avons déjà rassemblé, mon frère et moi, les principaux matériaux, auront pour objet l'étude spéciale des périodes importantes de cette histoire botanique ; ils donneront une idée des habitudes scientifiques, des explorations et des découvertes des auteurs, en même temps qu'une vue d'ensemble de la végétation dans les diverses phases qu'elle a traversées. Le travail que j'offre aujourd'hui à la bienveillante appréciation de mes Juges peut être considéré comme l'un des premiers résultats de ces recherches historiques. La comparaison d'une flore avec elle-même, à diverses époques, permet en effet de constater la disparition d'anciennes espèces et l'introduction de nouvelles. En nous faisant connaître les résultats des procédés de naturalisation, elle nous donne la mesure de leur importance relative; elle nous fait aussi apprécier la puissance des causes qui interviennent pour la destruction des individus d'un même type spécifique. C'est ce problème de géographie botanique que je voudrais examiner à ce double point de vue des introductions et des disparitions d'espèces pour la région spéciale que les circonstances m'appellent à étudier.

Les documents qui servent de base à ce travail sont nombreux et méritent d'être signalés. Indiquons-les rapidement dans leur ordre chronologique.

Rondelet est, au XVIe siècle, le principal promoteur des études botaniques. Il n'a rien publié sur la flore même du pays, mais les ouvrages de l'époque nous le dépeignent explorant la région à la tête de nombreux élèves et les dirigeant à la fois dans les voies de la vraie méthode scientifique et dans la connaissance des espèces végétales. La plupart des grands botanistes de l'époque ont profité de ses directions. Les registres de l'École de Montpellier constatent encore son glorieux patronage, sous lequel sont venus successivement se placer Rabelais, Dalechamp, Clusius, Jean Bauhin, Pena et Lobel [1].

---

[1] L'inscription de Dalechamp, sur le livre des matricules de l'Université de médecine de Montpellier, est du 1er décembre 1545 ; celle de Clusius, du 3 octobre 1551 ; de Jean Bauhin,

Aucun de ces auteurs n'a écrit un ouvrage spécial sur les espèces montpelliéraines ; mais la plupart de leurs livres révèlent les explorations fructueuses qu'ils avaient faites dans nos environs. Il n'en est pas à cet égard de plus important que les *Adversaria* de Lobel et Pena : c'est une mine extrêmement riche d'indications précieuses sur nos localités et sur nos espèces, presque une flore locale avec les détails les plus circonstanciés et les plus précis. Les *Observationes* et les *Illustrationes* de Lobel sont loin de nous intéresser au même point : ils comblent cependant quelques-unes des lacunes laissées par les *Adversaria*.

A côté des publications de cet auteur, mais avec une moindre importance pour l'objet qui nous occupe, nous placerons l'*Historia generalis plantarum*, ouvrage entrepris par Dalechamp et publié d'après ses excellentes notes par Guillaume Rouillé. Les œuvres de Clusius, si supérieures par la limpidité du style et la valeur des descriptions, fournissent aussi çà et là quelques renseignements sur la flore de nos pays : c'est surtout dans son *Historia rariorum plantarum* qu'il faut chercher ces souvenirs de ses premières herborisations.

Comme leurs contemporains et leurs devanciers, les frères Bauhin, célèbres à si juste titre dans la science botanique, appliquèrent leur immense érudition à des travaux d'ensemble plutôt qu'à des œuvres locales. Le *Pinax theatri botanici*, principal titre de gloire de Gaspard [1], est avant tout une étude consciencieuse de synonymie, où nous n'avons presque rien à chercher ; mais le corps de l'ouvrage, dont le *Pinax* n'est que la table, aurait ajouté bien des détails à ceux des *Adversaria*, et nous avons tout lieu de regretter que le premier livre seul nous en ait été conservé.

Jean Bauhin, plus âgé que son frère de dix-neuf ans, avait plus longtemps que lui séjourné dans notre Université : aussi dans son *Historia universalis*

---

du 20 octobre 1561 ; de Pena, du 4 avril 1565 ; de Lobel, du 22 mai de la même année. Tous ont pris Rondelet pour patron. Voici, comme exemple des formules d'immatriculation à cette époque, celle de Jean Bauhin :

Ego Johannes Bauhinus inscriptus fui ac examinatus in Medicina die 20 octobris anno 1561 et elegi mihi p. patre Dominū Rondeletiū et solui jura universitatis Domino Laurētio Catelano in cujus rei fide Chirographum meū hic apposui.

[1] Immatriculé le 18 mai 1579, à l'Université de Montpellier.

2

plantarum, composée avec le concours de son gendre Cherler[1], ne se borne-t-il pas à répéter les observations de ses prédécesseurs dans la région montpelliéraine; il les contrôle de sa propre expérience; il y ajoute ce qu'il a vu par lui-même et ce que son collaborateur a pu constater. Cet ouvrage mérite ainsi de prendre place parmi les plus utiles à consulter pour notre flore du xvie siècle.

Les services rendus par cette grande époque de rénovation à la botanique montpelliéraine, furent dignement couronnés par la fondation d'un magnifique établissement affecté à l'étude des végétaux. En 1596, Richer de Belleval obtint du roi Henri IV l'autorisation de fonder un Jardin des Plantes, et ce vaste projet reçut immédiatement son exécution. Comptant principalement, pour peupler son École, sur les plantes de notre pays, Belleval en étudia avec soin les caractères et les mœurs. Des *Herborisations autour de Montpellier* devaient, entre autres ouvrages, nous transmettre ses observations locales. Cette œuvre est malheureusement restée inédite, et nous ne pouvons profiter aujourd'hui des indications qu'elle aurait fournies à la science.

Avec le *Botanicon Monspeliense* de Magnol, publié vers la fin du xviie siècle, une ère nouvelle s'ouvre pour l'étude de notre flore. Désormais, à côté des travaux d'ensemble, Montpellier va posséder sa littérature botanique spéciale. Sous sa modeste apparence, ce petit livre de Magnol, premier catalogue de nos espèces, est un ouvrage important où se révèlent les qualités d'un observateur consciencieux et d'un esprit vraiment scientifique. C'est encore aujourd'hui la meilleure flore locale que nous possédions; elle mérite toute confiance et serait peut-être le guide le plus consulté par les explorateurs, si sa nomenclature vieillie n'en rendait l'usage très-difficile.

Les progrès imprimés à la botanique par Tournefort et Linné, devaient nécessairement améliorer la composition des flores particulières. La constitution définitive du genre, une nomenclature rigoureuse et désormais uniforme, un système ingénieux de classification rendant les

---

[1] Immatriculé le 9 octobre 1594.

déterminations plus faciles, c'était toute une révolution dont les contemporains et les successeurs de ces grands naturalistes ont eu le bonheur de recueillir les fruits. Le célèbre médecin Boissier de Sauvages, que le culte de la botanique avait séduit de bonne heure, ne profita cependant, ni du système ingénieux de Linné, ni de sa nomenclature si simple et si précise. Son *Methodus foliorum*, disséminant dans des classes différentes les espèces d'un même genre, est par cela même très-difficile à consulter. L'auteur y a marqué d'un signe particulier les espèces de la région montpelliéraine ; il signale çà et là quelques localités spéciales, mais ses indications ne sont pas sûres et nous ne les donnerons qu'avec la plus grande circonspection.

Le premier ouvrage où la nomenclature binaire soit appliquée aux espèces de nos environs, est la dissertation bien connue sous le nom de *Flora Monspeliensis*, soutenue à Upsal en 1756, sous la présidence de Linné, par Nathhorst, un de ses élèves ; elle est insérée dans le quatrième volume des *Amœnitates academicæ*. Ce mémoire, qui a son importance, puisque les matériaux en ont été recueillis dans nos régions, soumis à Sauvages et probablement revus par Linné, ne donne malheureusement qu'une liste des espèces, sans localité précise et sans aucun des détails qui peuvent servir de contrôle.

Mais le savant qui appliqua dans une large mesure les principes linnéens aux végétaux de notre flore, fut le professeur Gouan, qui tint le sceptre de la botanique à Montpellier pendant toute la seconde moitié du xviiie siècle. Des élèves illustres ou des savants distingués s'associèrent à ses explorations et contribuèrent à les rendre fructueuses. Commerson, Dombey, Bruguière, Olivier, Riche, Labillardière, tous sortis de l'École de Montpellier, herborisèrent avec lui dans nos environs. Commerson[1]

---

[1] Voici la formule d'immatriculation de Commerson :

Ego Philibertus Commersow Castillionensis propè Dombas diocesis Lugdunensis exhibui litteras testimoniales peracti per biennium cursus philosophici et magisterii artium eâ lege inscriptus fui albo studiosorum medicinæ Monspeliensium die vigesima nona mensis novembris anni 1748 : soluto priùs jure universitatis et præstito juramento solito.

J'ay les originaux en mon pouvoir.

surtout étendit ses explorations dans des localités nouvelles [1] et en fit connaître les plantes intéressantes. Amoreux joignit ses efforts à ceux de
Gouan pour enrichir notre flore, en essayant d'y naturaliser des plantes
exotiques ou d'y multiplier les espèces indigènes devenues rares. Toutes
ces recherches sont résumées dans quatre ouvrages publiés à divers intervalles dans la longue carrière de Gouan : *Hortus regius Monspeliensis*
(1762), avec de nombreux renseignements sur les localités des plantes
indigènes ; *Flora Monspeliaca*, publié trois ans plus tard et dans lequel,
bien que le titre de l'ouvrage semble promettre plus que le précédent des
notes sur la botanique locale, on ne trouve que des indications très-clair-
semées sur l'habitation des espèces montpelliéraines ; *Illustrationes et observationes botanicæ*, ouvrage destiné en grande partie à la description
des plantes recueillies par l'auteur dans les Pyrénées, mais où la botanique
de nos environs occupe cependant une large place ; enfin, les *Herborisations
des environs de Montpellier* qui, avec l'*Hortus regius*, seront la principale
source de nos renseignements sur la flore du siècle dernier. Ajoutons encore, pour être complet, le *Traité de botanique et de matière médicale*,
publié par le même auteur en 1804.

Malgré la réputation dont ces ouvrages ont joui, nous sommes cependant
obligé de reconnaître que l'on ne doit pas accorder à leurs indications
une confiance absolue. Les diagnoses de Linné, en général trop concises
et quelquefois insuffisantes, ont été souvent mal interprétées par un botaniste jeune encore, et qui n'avait à sa disposition que ces seuls moyens de
détermination. Les lois les plus simples de la géographie botanique, qui
auraient fait éviter à Gouan bien des erreurs, et au nom desquelles nous
pouvons affirmer aujourd'hui la fausseté de certaines de ses indications,
étaient alors à peine connues. Il faut donc se tenir en garde contre les affir-
mations les plus positives de l'*Hortus regius* et du *Flora monspeliaca*,
lorsqu'ils placent, par exemple, dans les régions de hauteur moyenne ou
même dans la plaine, les espèces les plus franchement alpines. Les *Herborisations*, rédigées en partie de mémoire, sont entachées des mêmes
erreurs. Aussi, pour Gouan comme pour Sauvages, n'admettrons-nous

---

[1] Gouan; *Herborisations*, pag. 168 et 156.

qu'après discussion les renseignements qui nous paraîtraient hasardés, et rejetterons-nous sans hésitation ceux qui contrediraient trop ouvertement les observations des autres botanistes[1].

Depuis Gouan, il n'a plus été fait de flore locale de Montpellier. Le *Catalogue des plantes des Pyrénées et du Bas-Languedoc*, par M. Bentham, renferme d'excellentes indications, fort exactes mais incomplètes, et qui ne peuvent remplacer celles d'un ouvrage spécial. Néanmoins nous trouvons de nombreux matériaux accumulés dans les ouvrages généraux, les mémoires particuliers ou les herbiers des botanistes qui ont parcouru nos contrées.

De Candolle ne pouvait résider plusieurs années à Montpellier, sans apporter à notre flore des éclaircissements précieux et des données nouvelles. D'habiles herborisateurs avaient déjà préparé le terrain : Salzmann, Roubieu, et surtout Pouzin, professeur de botanique à l'École de pharmacie, avaient trouvé dans nos alentours des espèces encore inconnues. L'illustre auteur de la *Flore française* y ajouta ses propres observations et consigna le tout dans le supplément de la deuxième édition de son ouvrage, publié en 1815. Il attirait en même temps l'attention des botanistes sur quelques plantes exotiques apportées au Port-Juvénal avec les laines étrangères, et il inaugurait ainsi des recherches intéressantes qui devaient se poursuivre dès-lors sans interruption.

Dunal, l'élève le plus affectionné de De Candolle, parcourut notre région durant près de quarante ans, pour rassembler les matériaux d'une flore de nos environs; mais cette œuvre favorite fut à peine ébauchée, et son travail s'est borné à de simples notes malheureusement perdues pour nous, et à sa riche collection locale, que possède la Faculté des sciences de Montpellier.

Delille concourait à l'œuvre commune par ses excellentes descriptions de plantes rares, et en particulier des formes exotiques du Port-Juvénal. Il

---

[1] Je suis heureux de m'appuyer ici du témoignage de l'illustre De Candolle. « Magnol, en particulier, écrit-il dans ses *Mémoires*, est un botaniste très-recommandable par sa précision, tandis que Sauvages et Gouan n'ont fait que répandre des confusions ou des erreurs sur les plantes du Languedoc. » (D. C., *Mémoires*, 213.)

faisait cultiver un bon nombre de ces espèces étrangères dans un espace réservé du Jardin des Plantes, et en formait un herbier spécial qui a été continué et considérablement augmenté par M. Touchy, conservateur des collections de l'École de médecine. C'est sur ces éléments qu'est basé en grande partie le *Flora Juvenalis* publié par M. Godron, dont le séjour de quelques années à Montpellier n'a pas été sans profit pour notre flore.

Aux collections déjà mentionnées, il faut ajouter celles de Bouschet-Doumenq, renfermant l'herbier si précieux de Magnol; de Roubieu, de Salzmann, de Cambessèdes, toutes léguées à la Faculté des sciences ou acquises par elle; l'herbier Pouzin, donné à l'École de pharmacie par le fils de ce botaniste, ancien directeur de l'École; l'herbier montpelliérain formé au conservatoire du Jardin des Plantes par les soins de M. Touchy, celui que M. Aug. de Saint-Hilaire avait recueilli dans ses promenades autour de la ville pendant des années de cruelles souffrances, tous ceux enfin que forment actuellement les explorateurs de notre région.

A ces diverses sources d'indications, ajoutons un ouvrage récent, où sont résumés presque tous les faits de naturalisation qui intéressent notre contrée, la *Géographie botanique* de M. A. De Candolle. Ce livre important a facilité notre travail en réunissant un grand nombre d'observations dont notre sujet a pu profiter.

Enfin, nous ne pouvons omettre une œuvre locale, la *Flore du Gard* de feu M. de Pouzolz; elle comprend naturellement dans sa circonscription presque toutes les montagnes des Cévennes, et par conséquent une portion du domaine attribué depuis longtemps à la région de Montpellier.

Notre région ne se borne pas, en effet, aux environs immédiats de la ville : de tout temps les botanistes l'ont reculée jusqu'aux sommets élevés de l'Espérou et de l'Aigoual, et nous continuerons ces traditions en comprenant cette flore des montagnes dans le champ de nos observations. Latéralement, le cours de l'Hérault et celui du Vidourle nous paraissent les bornes les plus naturelles de cette longue bande, étendue depuis la ligne de partage des eaux jusqu'aux rivages de la Méditerranée.

Nous n'avons pu, dans l'exposé qui précède, indiquer tous les mémoires ayant trait à notre végétation. Il eût été trop long et d'ailleurs inutile de faire de chacun d'eux une mention spéciale. La liste suivante, où nous réunissons les titres de tous ceux que nous avons pu consulter, remplira ces lacunes et servira en même temps de résumé bibliographique.

LOBEL et PENA. Stirpium Adversaria nova. Londres, 1570, in-4.

LOBEL. Plantarum seu stirpium Historia (contenant les Observationes et les Adversaria). Anvers, 1576, in-4.

LOBEL. Icones stirpium. Anvers, 1581 et 1591, in-4.

LOBEL. Stirpium Illustrationes, publié par How. Londres, 1655, in-4.

DALESCHAMP. Historia generalis plantarum. Lugduni, 1586 et 1587, 2 vol. in-fol., publié par G. Rouillius.

> (Cet ouvrage a été traduit sous le titre de : *Histoire générale des plantes*, sortie latine de la bibliothèque de M. J. Dalechamps, faite française par M. Jean Desmoulins. Lyon, 1615, 2 vol. in-fol.)

CLUSIUS. Rariorum plantarum Historia. Antverpiæ, 1601, in-fol.

P. RICHER DE BELLEVAL. Onomatologia seu nomenclatura stirpium quæ in horto regio Monspelii recens constructo coluntur. Montp.,1598,in-12.

P. RICHER DE BELLEVAL. Dessein touchant la recherche des plantes du pays de Languedoc, desdiée à MM. les gens des trois Estatz du dit Pays. Montp., 1605, avec cinq gravures[1].

> (Ces deux œuvres de Richer de Belleval ont été réimprimées par Broussonnet en 1785, sous ce titre : *Opuscules de P. Richer de Belleval*. Paris, 1785, in-8.)

CASP. BAUHIN. Theatri botanici liber primus editus opera et curâ Joh. Bauhini. Basileæ, 1658, in-fol.

J. BAUHINI et J.-H. CHERLERI Historia plantarum Universalis , quæ recensuit et auxit Chabræus, juris vero publici fecit Franc. Graffenried. Ebroduni, 1650-51, 3 vol. in-fol.

MAGNOL. Botanicon Monspeliense. Lugduni, 1676, in-8.

> (Le même ouvrage a paru avec deux appendices. Montpellier, 1686, in-8.)

MAGNOL. Hortus regius Monspeliensis. Monspelii, 1697, in-4.

COMMERSON. Catalogue des plantes que Tournefort, Jussieu et de Sauvages ont trouvées dans les Cévennes, extrait de leurs manuscrits. (Manuscrit.)

---

[1] Je cite cet ouvrage, non pour le texte, mais pour les gravures , que l'auteur donne comme échantillons de celles qui devaient entrer dans son livre sur les Plantes du Languedoc. Mon frère a pu reconnaître dans l'une de ces planches l'*Alsine verna*, espèce échappée aux recherches de Magnol et de ses successeurs , mais que le docteur Thévenau a tout récemment retrouvée.

COMMERSON.	Index plantarum quæ in Lupo monte et monte Capouladou oriuntur. (Manuscrit.)
COMMERSON.	Herbarium Monspessulanum pandens author orbi litterato [1]. (Manuscrit.)
J. PETIVER.	Monspelij desideratarum plantarum catalogus, E. Raio, Magnolo, Chabræo, C. et J. B..., etc. Londini, 1716 [2].
B. DE SAUVAGES.	Methodus foliorum. La Haye, 1751, in-4.
NATHHORST.	Flora Monspeliensis (1756), in Amœnit. Academ. de Linné, tom. IV, 2e édit. Erlangen, 1788.
GOUAN.	Hortus regius Monspeliensis. Lyon, 1762, in-8.
GOUAN.	Flora Monspeliaca. Lyon, 1765, in-8.
GOUAN.	Illustrationes et observationes botanicæ. Zurich, 1773, in-fol.
GOUAN.	Herborisations des environs de Montpellier. Montpellier, an IV (1796), in-8.
GOUAN.	Traité de botanique et de matière médicale. Montp., 1804, in-8.
BROUSSONNET.	Elenchus plantarum horti botanici Monspeliensis. Montp., 1804, in-4.
DE CANDOLLE.	Catalogus plantarum horti botanici Monspeliensis. Montp., 1813, in-4.
DE CANDOLLE.	Flore française, 2e édit. Paris, 1815, in-4.
G. BENTHAM.	Catalogue des plantes indigènes des Pyrénées et du bas Languedoc. Paris, 1826, in-8.
GODRON.	Considérations sur les migrations des végétaux. Montp., 1853, in-4. (Extrait des Mémoires de l'Académie des sciences et lettres de Montpellier, section des sciences.)
GODRON.	Flora Juvenalis. Montpellier, 1853, in-4. (Extrait des Mémoires de l'Académie de Montpellier, section de médecine.)
GODRON.	Quelques notes sur la Flore de Montpellier. Besançon, 1854, in-8.
GRENIER et GODRON.	Flore de France, 1847-55, 3 vol. in-8.
A. DE CANDOLLE.	Géographie botanique raisonnée. Paris et Genève, 1855, 2 vol. in-8.

---

[1] Je regrette de n'avoir pu consulter ces trois manuscrits de l'illustre explorateur. Je ne les connais que par leur titre, que j'extrais du catalogue de la bibliothèque d'Adrien de Jussieu, par M. J. Decaisne.

[2] Cette liste de *desiderata* contient 480 espèces montpelliéraines, avec une indication sommaire de leurs localités. Toutes les espèces sont, du reste, indiquées dans le *Botanicon Monspeliense* de Magnol.

MARTINS. Espèces exotiques naturalisées spontanément dans le Jardin de Montpellier. Montp. (sans date), et *in* Bulletin de la Société botanique de France, mars 1856.

COSSON. Supplément au *Flora Juvenalis*, *in* Bulletin de la Société botanique de France, VI, 608.

LESPINASSE et THÉVENEAU. Manipulus plantarum advenarum circa Agatham crescentium, *in* Bullet. de la Soc. bot. de France, août 1859.

DE POUZOLZ. Flore du departement du Gard. Nimes, 1857-1862, in-8.

LORET. Notice sur plusieurs plantes nouvelles pour la Flore de Montpellier et de l'Hérault, *in* Bull. de la Soc. bot., X, 1865, pag 575.

Bulletin de la Société botanique de France. Paris, in-8.

CHAPITRE PREMIER

PLAN DU TRAVAIL.

Pour remplir complètement le programme que nous nous sommes tracé, nous devons traiter deux questions distinctes :

1º Rechercher les modifications survenues dans notre flore depuis le XVIᵉ siècle jusqu'à nos jours.

2º Apprécier l'importance des causes qui ont amené ces changements.

Mais avant de nous engager dans ces deux questions, indiquons les principes d'après lesquels nous comptons nous diriger.

M. A. De Candolle a montré, dans sa *Géographie botanique*, comment les connaissances tirées de l'histoire des peuples et de leur langue peuvent venir en aide aux données de la botanique pure, pour décider des questions douteuses de naturalisation. C'est ainsi que, dans un autre domaine, la philologie comparée vient joindre ses lumières à celles de l'anatomie et de la zoologie générale, pour jeter un nouveau jour sur l'étude des races humaines et sur leurs relations à des époques anté-historiques.

Ces données, fournies par des sciences en apparence si étrangères à nos études, sont précieuses pour l'histoire des plantes introduites dans les temps anciens, antérieurs à tous les documents. Leur importance diminue quand il s'agit de la période historique, celle où, dans une région donnée, il existe des renseignements précis relatifs à sa végétation. Dès lors le problème se simplifie, tous les autres moyens d'investigation s'effacent devant le plus simple et le plus naturel de tous : la comparaison de la flore à des dates différentes.

Chaque région botanique a sa période historique spéciale. Celle de Montpellier commence, nous l'avons vu, avec les Clusius, les Lobel, les Dalechamp et les Bauhin; et dans les trois siècles qu'elle embrasse, elle a vu paraître de nombreux documents à des intervalles assez réguliers. Nous avons actuellement restreint nos recherches aux limites de cette période privilégiée; notre voie est donc toute tracée : nous n'avons qu'à comparer avec soin les renseignements publiés à différentes époques, et juger ainsi des changements survenus dans notre végétation.

Il est cependant quelques précautions à prendre pour éloigner toute cause d'erreur. Le nombre des espèces d'une région circonscrite augmente en général d'un catalogue ancien à un catalogue plus récent: on n'a pas le droit d'en conclure que la végétation du pays soit devenue plus riche; des distinctions spécifiques plus nombreuses et quelquefois plus subtiles, des découvertes d'espèces indigènes inaperçues jusque-là, sont la cause la plus ordinaire de cette différence entre les deux listes. Il ne suffit donc pas qu'une espèce soit mentionnée pour la première fois dans une région, pour qu'on la regarde comme nouvelle. Elle doit présenter de tels caractères qu'elle n'ait pu échapper aux recherches antérieures.

Il faut: que la plante appartienne à une localité déjà parcourue avec soin par les botanistes; qu'elle soit assez apparente pour avoir dû frapper leur attention, qu'elle n'ait pas été confondue sous un même nom avec une espèce voisine; ou que, à défaut de pareils caractères, un document historique témoigne de son introduction.

Dans les cas douteux, la station favorite de l'espèce, ses habitudes, la localité où on la découvre, sa tendance à s'étendre ou à rester stationnaire, etc., sont autant d'indices dont on peut faire un usage judicieux.

Nous croyons utile de marquer encore ce que nous entendons par le terme de *naturalisation*.

Une plante naturalisée doit présenter dans sa nouvelle patrie les mêmes phases de développement que dans son pays d'origine. Non-seulement les individus doivent y montrer une végétation vigoureuse, pour résister aux

attaques des plantes indigènes, mais ils doivent encore être doués de
leurs moyens ordinaires de propagation, de manière à prendre possession
du terrain pour eux et pour leurs descendants. Cette condition suppose
d'ordinaire la production de fruits et de graines parvenant à maturité; j'ac-
cepterai donc en règle générale la définition de M. A. De Candolle, et je ne
considérerai pas comme naturalisée « une espèce qui, une fois plantée
dans un terrain, s'y conserve indéfiniment et s'y propage par les racines
sans donner des graines qui répandent l'espèce dans le voisinage[1]. »

Et cependant, je ne voudrais pas poser d'avance une règle trop in-
flexible, qui ne serait pas l'expression complète de ce qui se passe dans
la nature. Il est telle plante qui, jouant un rôle important dans quelques localités d'une région, a autant de droit que certaines autres à se
dire naturalisée, et qui serait exclue par une interprétation trop étroite
du mot. Le *Jussiæa grandiflora*, par exemple, s'est à tel point multiplié
dans le Lez et dans quelques-uns de ses affluents, qu'on l'accuse de gêner
la petite navigation ou le jeu des écluses ; il ne produit cependant jamais
de graines fertiles. Il semble que, dans cette localité, la multiplication par
les rhizômes soit suffisante pour l'extension de l'espèce, et que les autres
moyens auxquels la nature pourrait recourir ne seraient qu'un luxe super-
flu. Le *Jussiæa* est d'ailleurs, en cela, comparable à quelques plantes
spontanées, aux Lentilles d'eau par exemple, si répandues dans les eaux
stagnantes, et dont la floraison et par suite la fructification sont pourtant
si rares.

Tout en posant une règle générale, nous croyons donc devoir admettre
des exceptions pour quelques espèces chez lesquelles les organes végétatifs
sont aussi efficaces que les graines le sont chez d'autres pour la propagation de la plante et même pour son extension.

A côté des plantes vraiment naturalisées, il en est beaucoup qui, levant
dans le pays, ne s'y maintiennent que peu de temps et disparaissent au
bout d'une ou plusieurs années. D'autres suivent les cultures et changent
de place avec elles, sans avoir de tendance à se répandre au dehors. Ce
sont des plantes passagères ou adventives ; il est bon de les mentionner,

---

[1] A. De Candolle; *Géographie botanique*.

ne serait-ce que pour montrer combien sont nombreuses les espèces auxquelles se sont offertes les occasions favorables de naturalisation, et qui
sont restées étrangères à notre flore. Elles n'ont cependant pour nous que
cet intérêt secondaire. Seules, les plantes naturalisées sont une acquisition pour le pays.

C'est le nombre de ces espèces définitivement établies qui nous fera
connaître la puissance des divers procédés de naturalisation. Il n'est en
effet qu'un seul moyen d'en mesurer l'efficacité, c'est de les juger par leurs
effets bien constatés, et non, comme on l'a fait quelquefois, par ceux qu'on
les suppose capables de produire.

Peu de régions sont aussi favorisées que la nôtre pour cette étude.
Presque toutes les causes dont on a invoqué l'influence, ont eu l'occasion
de s'exercer dans un vaste espace baigné par la mer, parcouru de nombreux cours d'eau, accidenté de montagnes, et où l'homme a fait depuis
longtemps, pour son utilité ou son instruction, de nombreuses expériences. Nous allons passer en revue tous ces moyens de naturalisation, en
indiquant chaque fois leurs résultats.

Nous suivrons la même voie pour tout ce qui touche à la disparition des
espèces : nous ne jugerons de la puissance de la cause que par l'étendue
des effets.

Notre prochain chapitre sera consacré à ces appréciations. Nous aurions
pu le faire précéder de l'exposé des faits particuliers qui nous serviront
de contrôle ; nous préférons cependant renvoyer à la fin du travail cette
partie spéciale, en lui donnant la forme de notes justificatives ; cette disposition ne sera pas moins claire, et elle aura l'avantage de ne pas rompre
l'ensemble des généralités par l'interposition de détails minutieux.

CHAPITRE II

CAUSES DES MODIFICATIONS. — APPRÉCIATION DE LEUR IMPORTANCE.

Lorsqu'on étudie de près les modifications survenues dans une région botanique, on s'aperçoit bien vite que des causes analogues servent à expliquer des effets en apparence opposés. Ce qui a favorisé l'extension de nouvelles espèces a le plus souvent créé une position défavorable aux plantes indigènes et a pu même devenir pour elles une cause de destruction. Ainsi, les cultures qui semblent préparer le sol à des espèces étrangères font une guerre active aux plantes du pays, et les chassent peu à peu de leurs possessions naturelles.

Nous allons voir, dans le courant de ce chapitre, les mêmes causes exercer leur influence destructive et servir en même temps de moyens de naturalisation.

Occupons-nous d'abord des causes de destruction.

§ I.

CAUSES DE DESTRUCTION.

Il n'en est pas de plus puissante et qui doive être plus efficace que les défrichements et les modifications de tout genre, qui sont le cortége ordinaire de la civilisation. On connaît les doléances de tous les herborisateurs à cet endroit: un champ trop bien entretenu, les fossés ou les bords d'un chemin débarrassés de leurs mauvaises herbes , sont pour eux des sujets d'inquiétude pour des plantes rares, qu'ils craignent de voir compromises.

C'est cependant pour les seules espèces à aire restreinte que les travaux des champs ou ceux d'utilité publique peuvent être une cause de destruction. Il est difficile d'extirper une plante d'un pays où elle est bien établie. Dès qu'elle y occupe une surface un peu étendue, elle trouve toujours des points qui lui conviennent; elle s'y maintient et peut même profiter de la première occasion favorable pour envahir de nouveau ses anciennes possessions. Aussi le nombre des types qu'ont détruits les défrichements, dans une région étendue comme celle que nous embrassons, est-il bien moins considérable qu'on ne le supposerait à priori. Nous donnerons plus loin la liste de cinq espèces qui, signalées à diverses époques dans notre flore, ne s'y retrouvent plus de nos jours. Ce sont les seuls faits de disparition que nous ayons pu constater; encore deux ou trois espèces n'ont-elles été vues qu'en passant et n'ont peut-être jamais été vraiment établies dans le pays.

Les résultats sont un peu différents quand on ne considère qu'une localité restreinte. Si l'on s'en tient par exemple aux environs immédiats de Montpellier, on constate des modifications plus importantes. Reportons-nous, en effet, au moment où se publiaient les *Herborisations* de Gouan, c'est-à-dire à la fin du siècle dernier. Nous voyons que Boutonnet, aujourd'hui couvert de Vignes et d'Oliviers, comptait encore quelques prairies; que Montferrier était entouré de pinèdes étendues dont les bois de Font-froide ne sont que de très-faibles restes; que le vaste bois de Grammont avait été récemment défriché. Tous ces changements dans la nature des lieux ont nécessairement amené des modifications correspondantes dans la végétation. Au temps de Magnol, le Laurier comptait encore quelques échantillons près de Castelnau ; il ne se retrouve plus maintenant dans nos environs que sur le revers septentrional du Saint-Loup et dans la gorge des Arcs, près de Saint-Martin-de-Londres. Le *Ribes Uva crispa*, le Noisetier, l'*Allium flavum* et d'autres encore, ont aussi déserté notre plaine pour se réfugier dans les parties montagneuses.

Quelques plantes, sans disparaître complètement, ont, dans certains endroits, reculé devant l'envahissement des cultures. Le *Globularia Alypum* était, au xvie siècle, désigné sous le nom de *Herba terribilis montis Ceti* et prospérait évidemment dans cette localité souvent citée. De nos jours, M. Diomède Tueskiewicz en a découvert à grand'peine quelques pieds isolés, perdus dans le dédale des mille *baraquettes* de la montagne. C'est aux Capouladoux, à Saint-Guilhem-le-Désert, que les botanistes d'aujourd'hui doivent aller cueillir cette belle espèce. L'*Anthyllis Barba Jovis* paraissait aussi complètement perdue sur la montagne de Cette, quand M. Barrandon en a retrouvé deux ou trois beaux exemplaires.

En résumé, le témoignage des faits ne permet pas de conclure, comme le voudrait Gouan, que « les exploitations, les défrichements ont causé la perte de beaucoup d'espèces[1] ». L'auteur des *Herborisations* n'apporte à l'appui de cette opinion que deux cas fort peu probants[2]. Il y ajoute, il est vrai, une liste de quinze espèces[3] qu'il suppose sur le point de disparaître; mais ses prévisions ne se sont réalisées que pour quatre, dont deux n'étaient pas même réellement spontanées.

Il est juste d'ajouter que si nous acceptions les déterminations de Sauvages et de Gouan, le nombre des espèces perdues depuis lors serait cinq fois plus considérable; mais nous avons déjà dit combien les données de ces auteurs étaient peu sûres, et nous le démontrerons par la liste des nombreuses plantes qu'ils ont indiquées à tort dans le pays.

Une autre cause de destruction, spéciale aux régions où la botanique a été cultivée, s'est de tout temps exercée à Montpellier, peut-être plus que partout ailleurs : c'est l'avidité des herborisateurs pour les plantes rares, dont ils récoltent parfois de très-nombreux exemplaires.

---

[1] Gouan; *Herborisations*, pag. 210.

[2] L'*Anthyllis Barba-Jovis*, qui n'a pas encore disparu de la région, et le *Clematis recta*, qui n'y a peut-être jamais été.

[3] *Cytisus candicans*; — *Anagyris fœtida*; — *Juniperus phœnicea*; — *Acanthus*; — *Arum dracunculus*; — *Hesperis africana*; — *Anthyllis montana*; — *Spartium complicatum*; — *Hyosciamus aureus*; — *Othonna helenitus*; — *Statice echioides*; — *Globularia Alypum*; — *Lupinus hirsutus, luteus, varius*. (*Herborisations*; pag. vij.)

Dès le XVIᵉ siècle, si nous en croyons Lobel[1], le *Pastinaca Opopanax* avait été presque détruit dans la Gardiole par les nombreux élèves de l'Université de médecine. Un siècle et demi plus tard, Nathhorst, dans son *Flora Monspeliensis*, dit combien les herborisateurs faisaient de ravages dans nos environs; enfin Gouan, s'associant à ces doléances, s'élève contre « l'insatiable avidité de s'instruire qui engage les botanistes à faire de grandes collections. »

Réduisons ces assertions à leur véritable valeur, en nous appuyant sur l'autorité des faits.

Et d'abord, de quelles preuves ces auteurs étayent-ils leur opinion? Lobel cite le *Pastinaca Opopanax* comme près de disparaître de la Gardiole : il existe encore aujourd'hui dans la même localité, où mon frère et moi l'avons retrouvé à trois siècles de distance. Nathhorst ne met en avant qu'un seul fait précis, celui du *Clematis recta*, qui n'a peut-être jamais existé dans nos environs. Quant à Gouan, il se contente d'une affirmation qui ne s'appuie d'aucun exemple.

On se demande, après cela, s'il y a eu en effet dans notre région un seul fait de disparition bien constaté dû à une pareille cause. Il est bien entendu qu'il s'agit ici d'une disparition définitive. Telle espèce poursuivie à outrance par les herborisateurs a pu sembler quelque temps détruite dans la région; mais elle a fini par se retrouver, et avec l'aide du temps s'est rétablie dans sa localité primitive.

Et cela se conçoit si l'on réfléchit aux moyens d'action du botaniste. S'il est question d'un arbre ou d'un arbuste bien établi, il n'en cueillera guère que des branches, laissant en place la tige, et en tout cas la souche avec ses racines ; la plante ne sera donc pas exposée à disparaître. S'il s'agit au contraire d'une herbe peu apparente, il lui sera bien difficile, fût-il exercé aux explorations les plus minutieuses, de ne pas laisser échapper quelques exemplaires, qui demeureront pour perpétuer l'espèce; et si, par extraordinaire, la plante était partout assez apparente pour être moissonnée jusqu'au dernier pied, les graines des années précédentes resteraient en terre et se développeraient au moment favorable pour servir de

---

[1] *Adversaria.*

souché à de nouvelles générations. Malgré son éclat, qui a dû tenter les botanistes de tous les temps, le *Lavatera maritima* couronne encore de ses belles fleurs quelques rochers du Cros de Miége; des botanistes four-rageurs avaient presque compromis le *Diplotaxis humilis*, espèce rare au pied du versant septentrional du Saint-Loup, au point que M. Dunal refusait d'en indiquer la localité. Il a suffi de quelques années pour que la plante ait repris son extension primitive, et des efforts persévérants ne viendraient probablement pas à bout de l'extirper pour toujours.

Je viens de parler de tentatives persévérantes dirigées contre une espèce. Il est en effet des herborisateurs assez peu délicats pour détruire à dessein ce qu'ils ne peuvent emporter d'une plante après s'en être abondamment pourvus. Ce désir de monopoliser est heureusement une exception. Il n'est cependant pas de région botanique qui n'ait été ainsi exploitée par quelques-uns de ces herborisateurs sans scrupule. Montpellier en a compté comme d'autres pays. Je ne sache pas cependant qu'une seule espèce y ait été complètement anéantie par ces procédés indignes de la science.

D'autres plantes ont failli devenir victimes des horticulteurs. Le *Pancratium maritimum* sur la plage de Cette, le *Narcissus dubius* à Bione, diverses Orchidées, ont été compromises dans leur aire restreinte par les récoltes indiscrètes des jardiniers: elles ont diminué de nombre, mais ne se sont point perdues pour cela.

Il est enfin une dernière cause, tout à fait indépendante de celle de l'homme, et que nous devrions peut-être invoquer encore: c'est l'action lente, mais sûre dans ses effets, des mille modifications souvent insaisissables par lesquelles la nature substitue peu à peu des espèces nouvelles aux espèces préexistantes. Cette succession des formes végétales dans une même région est une loi bien constatée, et, sans remonter aux époques géologiques, où elle nous apparaît sur une échelle immense, nous pouvons en reconnaître les effets dans la période actuelle. Les recherches entreprises dans les tourbières du Nord ont mis en évidence ce grand fait du remplacement de l'essence principale d'une forêt par une autre; elles nous laissent juger par là combien d'espèces attachées à l'existence de ces arbres ont dû languir et disparaître avec eux. J'ai montré, dans un autre travail, combien dans notre région le pays a dû changer de physionomie par le retrait successif d'arbustes et d'arbres jouant un rôle important à une époque relativement récente. Les quelques exemplaires de *Laurus nobilis* qui existaient encore, du temps de Magnol, aux environs de Castelnau, étaient les derniers survivants d'une espèce jadis dominante aux environs de Montpellier ; l'Érable, le *Pinus Laricio*, le Frêne à manne, le Buisson ardent, y étaient aussi représentés : ils se sont retirés pour faire place à des espèces aujourd'hui caractéristiques.

Mais si les opérations de la nature se font avec une sûreté que n'atteignent jamais nos faibles moyens, c'est aussi avec la lenteur d'une puissance qui a les siècles à sa disposition. Aussi rien n'est plus difficile à constater que cette marche graduelle de certaines espèces vers leur destruction, dans des espaces où l'action des causes physiques peut s'exercer à l'aise, sans être troublée par l'intervention de l'homme.

Peut-être faut-il rapporter à une pareille cause la disparition locale d'arbres autrefois constatés dans quelques-uns de nos bois : le *Noisetier* et le *Houx*, beaucoup moins répandus dans la plaine qu'ils ne l'étaient autrefois ; l'*Acer pseudo-platanus*, signalé par Magnol et Gouan aux Capouladoux, et qui, à notre connaissance, n'y a pas été rencontré de nos jours. Ce ne sont cependant ici que des probabilités ; l'homme a pu aider la nature et précipiter la perte de ces espèces dans ces localités restreintes. Dans tous les cas, il faudra bien du temps encore pour que l'œuvre de destruction soit consommée dans notre région entière, et pour que ces essences, répandues çà et là dans les Cévennes, entrent dans le catalogue de nos espèces disparues.

Nous n'avons donc pas un seul nom à ajouter à ceux des plantes dont il a déjà été question. Cinq espèces perdues depuis le XVIᵉ siècle, tel a été dans nos contrées le faible résultat de l'action combinée des causes physiques et de l'homme.

Ces influences ont-elles été plus efficaces pour l'introduction de plantes nouvelles ? C'est ce qu'il nous reste maintenant à examiner.

§ II.

Les causes de dispersion sont plus nombreuses et plus variées que celles de destruction. Elles peuvent se diviser en trois catégories : 1° causes physiques ; 2° action des animaux ; 3° influence de l'homme.

Causes physiques. — Les causes physiques sont les mouvements variés des eaux et de l'atmosphère : courants marins ou d'eau douce, vents de toute force et de toutes directions.

La Méditerranée, qui baigne le bord méridional de notre région, ne nous a jamais amené des contrées étrangères aucune graine dont soit sortie une plante nouvelle pour le pays ; au moins toutes les espèces du rivage qui paraissent venues du dehors se sont-elles introduites par d'autres moyens. Ni les plantes africaines, ni celles même des régions les plus voisines de la nôtre, n'ont dû suivre cette voie pour nous arriver.

Les courants d'eau douce ne peuvent être plus efficaces dans une région aussi naturellement limitée que notre bassin. Aucune de nos rivières ne s'étend au dehors dès bornes que nous nous sommes tracées ; leurs eaux n'ont donc pu introduire chez nous de plantes étrangères, elles pouvaient tout au plus étendre l'aire de distribution des espèces déjà établies. C'est ainsi que l'Hérault et ses affluents ont répandu l'*Epilobium rosmarinifolium* dans plusieurs vallées des Basses-Cévennes, et que l'*Œnothera biennis*, jadis introduite de l'Amérique, se rencontre çà et là sur les graviers ou sur le sable de nos torrents.

Cette action des eaux courantes est naturellement plus marquée pour les plantes constamment baignées par les eaux. Le *Jussiæa grandiflora*, parti du Port-Juvénal, a suivi le cours du Lez et s'est laissé entraîner peu à peu vers les points voisins de l'embouchure. Le même fait a dû se reproduire pour beaucoup d'espèces aquatiques indigènes, moins remarquées que cette belle plante étrangère.

Les vents sont, mieux que toute autre cause physique, appropriés à la dispersion des plantes. Il est des graines qui paraissent construites tout exprès pour leur donner prise. Les aigrettes qui les couronnent, les poils qui les couvrent, les appendices de tout genre qui augmentent leur surface, sont de véritables ailes qu'elles offrent à l'action de l'air; le moindre souffle suffit pour les balancer dans l'atmosphère, et il n'est pas besoin de tempêtes violentes qui brisent ou renversent les arbres, pour les emporter en quelques heures loin de leur lieu d'origine.

Aussi les espèces ainsi favorisées se répandent-elles facilement dans une région restreinte. Ce moyen si puissant de dispersion n'a cependant qu'une très-faible importance pour l'introduction de nouvelles espèces. En trois siècles, une seule plante, l'*Erigeron canadense*, nous a probablement été apportée de cette façon; peut-être même s'est-elle échappée des jardins du pays et le vent l'a-t-il plutôt répandue dans la région qu'amenée du dehors.

Action des animaux. — L'action des animaux, transportant les graines et les laissant tomber dans des endroits favorables à leur développement, paraît aussi bien bornée. Il me serait impossible de citer, parmi les plantes naturalisées depuis le xvie siècle, une seule espèce qui nous soit arrivée de cette manière. Il va sans dire que je n'entends point parler ici des laines que le commerce transporte en si grand nombre, et qui retiennent avec elles une foule de graines aptes à germer. C'est un moyen de dispersion dépendant de l'action de l'homme, et qui doit entrer dans la catégorie des causes qui nous restent à examiner.

Influence de l'homme. — L'influence de l'homme peut être volontaire. Partout où il s'est établi, il a modifié profondément la physionomie de la végétation : il a défriché de vastes espaces, les a peuplés de plantes souvent étrangères au pays, et, par ses soins continuels, a protégé contre les attaques de la végétation indigène ces plantes nécessaires à ses besoins ou à son industrie.

Cette introduction des plantes cultivées ne saurait entrer dans le cadre de notre travail : nous ne nous occupons que des espèces qui, une fois confiées au sol, sont livrées à leurs propres forces et doivent se maintenir sans autre secours contre les ennemis de tout genre qui les entourent.

Ces naturalisations volontaires ont été essayées depuis longtemps par les botanistes. Nulle part les expériences n'ont été plus souvent répétées que dans la région montpelliéraine : résumons ces tentatives en indiquant les résultats obtenus.

A la fin du XVIIe siècle et dans les premières années du XVIIIe, Nissolle, connu par ses descriptions de plantes rares , « jetait indifféremment des graines dans tous les lieux où il faisait ses fréquentes promenades ; de sorte, ajoute l'auteur de son Éloge, qu'on en voit plusieurs qui s'y sont naturalisées et qui pourraient faire paraître défectueux le catalogue que feu M. de Magnol a fait des plantes qui croissent aux environs de Montpellier, si on ne savait qu'elles sont des espèces de colonies que M. Nissolle y a transplantées [1]. »

On doit regretter que Nissolle n'ait inscrit nulle part la liste des espèces qu'il essayait de naturaliser : nous serions ainsi renseignés sur leurs chances de réussite dans nos climats, et peut-être aussi sur les vicissitudes qu'elles ont traversées. Il est cependant probable que pas une seule ne s'est maintenue dans nos environs. Les catalogues du *Flora monspeliensis* de Linné et du *Methodus foliorum* de Sauvages contiennent un nombre considérable d'espèces qui ne figurent pas dans celui de Magnol; mais si l'on réfléchit que la plupart sont certainement des plantes spontanées, que d'autres ont été introduites par des moyens autres que les semis de Nissolle, on se demande quelle était la composition de ces *colonies* indiquées comme pouvant faire paraître défectueux le catalogue de Magnol, et l'on regrette que l'auteur de l'Éloge ne nous ait donné aucun renseignement à ce sujet. Gouan signale tout près de Grammont un Chêne-liége planté par Nissolle, mais qui venait de mourir sans postérité. Il indique aussi à Chantarel, au-delà de Grammont, ainsi qu'à la Banquière, l'*Amaryllis lutea*, « qui, dit-il, pourrait bien y avoir été naturalisé par Nissolle [2] » : cette espèce ne s'est pas conservée. Telles sont les seules traces bien constatées de ce

---

[1] *Éloge de Nissole l'aîné*, dans Histoire de la Société royale des sciences de Montpellier, II, pag. 220.

[2] *Herborisations*, pag. 22.

premier essai de naturalisation, et l'on voit qu'elles se réduisent à bien peu
de chose.

En 1767, Gouan commença des expériences analogues : il sema ou
planta plus de 800 espèces dans les environs immédiats de Montpellier ;
tandis qu'Amoreux, s'associant à cet essai, en répandait 99 [1] dans les bois
de l'Aigoual, aux plus hauts sommets des Cévennes du Gard.

Plus soigneux que Nissolle, Gouan et Amoreux ont laissé chacun une

[1] Lepidium virginicum.
Lepidium perfoliatum.
Urtica canadensis.
Urtica Dodarti.
Acer pensylvanicus.
Solidago canadensis.
Celsia orientalis.
Sysimbrium Sophia.
Astragalus galegiformis.
Galega officinalis.
Campanula medium.
Senecio elegans.
Cynoglossum linifolium.
Lychnis chalepensis.
Horminum virginicum.
Erisymum cheiranthoides.
Tordylium syriacum.
Zygophyllum Fabago.
Nigella orientalis.
Ipomœa coccinea.
Ipomœa violacea.
Malva verticillata.
Datura Stramonium.
Datura Metel.
Solanum indicum.
Solanum sodomœum.
Argemone mexicana.
Scabiosa halepensis.
Leonurus tattaricus.
Leonurus Cardiaca.
Aster tenellus.
Ballota suaveolens.
Geranium inquinans.

Silene quinque vulnera.
Silene conoidea.
Cleome violacea.
Phalaris canariensis.
Anemone nemorosa.
Agrostemma coronaria.
Nicotiana rustica.
Nicotiana paniculata.
Malva caroliniana.
Asphodelus fistulosus.
Sisyrinchium Bermudiana.
Solanum pulverulentum.
Sida abutilon.
Silene nocturna.
Hibiscus Trionum.
Cardiospermum Halicacabum.
Carthamus officinalis.
Antirrhinum purpureum.
Dracocephalum Moldavica.
Verbena bonariensis.
Lunaria annua.
Salvia ægyptiaca.
Circæa alpina.
Scabiosa papposa.
Galium parisiense.
Athamantha cretensis.
Allium magicum.
Melia Azedarach.
Onopordon arabicum.
Centaurea melitensis.
Arum tenuifolium.
Phlomis tuberosa.
Lathyrus odoratus.

Blitum virgatum.
Amaranthus caudatus.
Scrophularia vernalis.
Antirrhinum ægyptiacum.
Celosia argentea.
Chenopodium ambrosioides.
Fagonia cretica.
Phytolacca americana.
Atropa physalodes.
Atropa Belladona.
Ixia chinensis.
Palma Christi.
Lotus tetragonolobus.
Chelidonium hybridum.
Hedysarum coronarium.
Lavatera arborea.
Lavatera le musqué (sic).
Crucianella angustifolia.
Smyrnium Olusatrum.
Smyrnium perfoliatum.
Potentilla multifida.
Isatis tinctoria.
Scabiosa gramuntia.
Sinapis orientalis.
Salvia verticillata.
Teucrium virginicum.
Lagoecia cuminoides.
Garidella nigellastrum.
Prunus lauro-cerasus.
Colutea arborea.
Conium maculatum.
Coriandum sativum.
Crocus sativus.

liste des espèces sur lesquelles portaient ces expériences, avec l'indication exacte des localités où ils les avaient placées. La liste de Gouan est annexée à ses *Herborisations;* celle d'Amoreux avait été déposée dans les Mémoires de la Société des sciences, à la suite de ses *Réflexions sur l'habitation des plantes*, *à l'occasion de quelques graines semées dans la campagne*. Ce volume des Mémoires n'a jamais été imprimé, mais il existe en manuscrit dans la bibliothèque du Musée-Fabre. J'en ai extrait la liste inédite que je publie en note (voir la page précédente), comme un document qui n'est point sans intérêt.

Les deux expérimentateurs avaient espéré « enrichir les herborisations de leur patrie », et dédommager les savants des pertes produites par l'extension des cultures et les déprédations des botanistes herborisateurs; les résultats ne répondirent guère à leur espoir. J'ai recherché avec soin, dans les *Herborisations* de Gouan, publiées trente ans plus tard, la trace de ces espèces, et je n'ai pas pu y trouver la mention d'une seule. Nul doute cependant qu'il ne les eût signalées plus particulièrement que d'autres, s'il les avait rencontrées. Il faut croire qu'aucune ne s'était conservée.

En 1827, M. Moquin-Tandon a semé beaucoup de graines dans les environs de Montpellier; pas une seule, écrivait-il à M. A. De Candolle, n'a voulu s'y naturaliser [1].

Lorsqu'on examine les listes données par Gouan et par Amoreux, on s'étonne moins de leur insuccès : évidemment ils ont pris des graines au hasard parmi celles qui mûrissaient au Jardin des Plantes, et ils les ont souvent jetées avec peu de discernement dans les endroits qui pouvaient le moins leur convenir. Ils n'ont tenu compte ni des stations favorites de ces espèces, ni des expositions auxquelles elles se plaisent d'ordinaire, ni de la nature chimique ou physique du terrain, ni des associations de plantes qui les entouraient, ou qui les couvraient de leur ombrage. Dans de pareilles conditions, les espèces montpelliéraines elles-mêmes n'ont pas prospéré; j'ai comparé, dans les *Herborisations* de Gouan, la liste des plantes récoltées dans une localité bien déterminée avec celles des graines

---

[1] A. De Candolle, *Géographie botanique*, 800.

qui y avaient été semées trente ans auparavant, et je n'y ai pas trouvé un seul terme commun, à moins que la plante n'existât dans la localité antérieurement au semis.

C'est surtout pour les plantes étrangères que les conditions étaient habituellement défavorables. En lisant la liste des espèces essayées par Amoreux au sommet des Cévennes du Gard, on est surpris d'y trouver si peu d'espèces sous-alpines. Les graines provenant du Jardin des Plantes appartenaient naturellement aux espèces qui prospéraient le mieux dans la région de la plaine : c'étaient souvent des plantes d'Orient ou de Provence. Quelles chances de succès pouvaient-elles avoir à une hauteur de 1650 mètres, sous l'ombre épaisse des bois de l'Aigoual, si fourrés à cette époque que, au dire d'Amoreux, les bêtes fauves et les herborisateurs pouvaient seuls y pénétrer.

Ni Gouan ni Amoreux ne nous disent la quantité de graines d'une même espèce qu'ils confiaient au sol, mais il est probable qu'ils se bornaient à un très-petit nombre ; il n'est donc pas étonnant que les rares individus qui parvenaient à lever, isolés au milieu des possesseurs légitimes du sol, fussent rapidement étouffés par eux.

Malgré les imperfections de ces procédés, il faut bien admettre que quelques espèces, sur le nombre, ont dû rencontrer des conditions favorables à leur développement. Pourquoi ne se sont-elles pas étendues et établies dans le pays? C'est évidemment parce que la naturalisation d'une plante rencontre beaucoup plus de difficultés qu'on n'est porté à le supposer en dehors de l'expérience. Il en est, en effet, bien peu qui triomphent de tous les obstacles opposés à leur établissement. Quand une espèce ne manifeste pas de bonne heure sa tendance à la naturalisation, quand elle ne se sème pas ou ne se multiplie pas d'elle-même dès son arrivée dans le pays, on doit s'attendre presque inévitablement à un échec en essayant de l'introduire.

Le meilleur moyen pour réussir serait peut-être de choisir les espèces qui spontanément et librement se répandent dans les jardins et dans les champs où on les cultive, et d'en jeter les graines, non point par dizaines, mais à profusion. M. Martins a donné la liste de vingt-quatre espèces qui, malgré les soins des jardiniers, envahissent les banquettes et les allées du

5

Jardin des Plantes; elles tendent manifestement à l'indigénat, et offriraient plus que d'autres des chances de réussite, dans la partie basse de notre région. Il serait intéressant de tenter cette expérience, en les semant ou les plantant dans les expositions qu'on peut croire leur convenir le mieux, en tenant compte de leurs habitudes et en les éloignant de plantes qui leur feraient une guerre à redouter.

Quelques tentatives, mieux conduites que celles de Gouan et d'Amoreux, ont abouti à des résultats plus heureux ; elles se rapportent à des espèces aquatiques, plus susceptibles que les autres plantes de réussir dans des contrées nouvelles. En effet, leur aire de distribution est en général beaucoup plus étendue ; le milieu dans lequel elles doivent vivre est moins sujet à varier dans ses éléments essentiels et dans sa température ; il est peut-être aussi plus facile de les soustraire à l'influence des espèces environnantes.

A ces conditions de succès, il faut ajouter encore la persistance que les expérimentateurs ont mise à réussir. M. Chapel disait, en 1838, à la Société d'agriculture de l'Hérault : « Après plusieurs essais, M. Farel est parvenu à fixer l'*Aponogeton distachyon* dans les parties peu profondes et limoneuses du Lez. » (Communication de M. Chapel, jardinier botaniste ; *Bulletin de la Société d'agriculture de l'Hérault.*) Depuis cette époque, la plante prospère à Lavalette, mais ne s'est pas répandue beaucoup plus loin ; elle a été transportée dans les bassins de la plupart des jardins de Montpellier, et elle y vit presque naturellement sans autre intervention des jardiniers. Le *Jussiœa grandiflora*, qui, partant du Port-Juvénal, s'est étendu jusqu'à la partie inférieure du Lez et a remonté quelques-uns de ses affluents, a de même été introduit par M. Millois, jardinier en chef, qui depuis quelques années en jetait des fragments dans la rivière.

En 1855, M. Chatin annonçait à la Société botanique (*Bull. de la Soc. bot.*, II, 624), que l'*Acorus Calamus* avait été trouvé par M. Touchy dans la mare de Grammont. M. Gay faisait observer avec juste raison que cette plante n'était certainement pas spontanée aux environs de Montpellier, et qu'elle avait dû y être introduite. M. Martins nous apprend en effet qu'elle a été plantée en 1849, dans le parc de Grammont, par le jardinier de Mme de Bricogne, qui la tenait du Jardin des Plantes. Elle s'est solidement établie au milieu même de la mare, et semble avoir toutes chances d'y persister; elle y a du moins supporté les hivers les plus rigoureux et les étés les plus chauds et les plus secs. A ces trois plantes se bornent les seuls résultats bien constatés de naturalisation volontaire; encore n'offrent-ils point les caractères de la naturalisation à son plus haut degré : l'*Acorus* ne s'étendra pas au dehors de la mare et n'occupera jamais qu'une localité très-restreinte. Le petit groupe d'*Aponogeton distachyon* de Lavalette n'a pas encore fourni de nouvelles colonies au fleuve qui le baigne de ses eaux; quant au *Jussiæa grandiflora*, il ne se propage que par les rhizômes et, malgré la puissance de ce moyen de multiplication, il ne saurait être rangé dans la catégorie des plantes vraiment envahissantes.

Nous allons voir combien a été plus puissante l'influence involontaire de l'homme.

Comme partout, elle s'exerce par l'intermédiaire des cultures ou par la voie, beaucoup plus détournée, du commerce.

La naturalisation par les cultures s'est faite de deux façons : ou bien les espèces cultivées se sont échappées des jardins ou des champs où elles étaient renfermées, ou bien des graines d'espèces inutiles, souvent même nuisibles, se sont glissées parmi les graines de plantes cultivées, et, trouvant dans notre climat des conditions favorables, s'y sont rapidement développées et définitivement établies.

Dans le premier cas, les jardins ont joué le principal rôle, et le Jardin des Plantes, en particulier, a dû fournir des occasions nombreuses de naturalisation.

Dès le commencement du xvie siècle, Richer de Belleval y avait rassemblé plus de 1200 plantes, la plupart originaires du midi de la France[1], et au moment du siége de Montpellier, si désastreux pour ce riche établissement, on n'y comptait pas moins de 1,332 espèces[2]. En 1697[3], Magnol en énumère environ 3,000; Gouan[4], 2,200 en 1765; Broussonnet[5],

[1] Richer de Belleval; *Onomatologia.*
[2] Martins; *Jardin des Plantes de Montpellier*, pag. 26.
[3] Magnol; *Hortus.*
[4] Gouan; *Hortus.*
[5] Broussonnet; *Elenchus.*

près de 4,000 au commencement du siècle ; le catalogue de De Candolle, publié en 1813, contient plus de 5,500 espèces ; enfin, de nos jours, le nombre s'est encore considérablement augmenté.

Ainsi, depuis plus de trois siècles, il existe à Montpellier un centre où les espèces susceptibles de résister à notre climat ont été cultivées en grand nombre, et d'où elles ont eu chaque jour des moyens de s'échapper, soit par l'action des vents, transportant leurs graines au-dessus des murs, soit par les déblais jetés hors de l'enceinte.

De tout temps, un certain nombre s'y sont naturalisées sur place. Gouan applique à quelques-unes la phrase : « *luxuriat in horto regio* », et il ne veut pas indiquer seulement par ces mots l'apparence vigoureuse des individus par lesquels l'espèce est représentée dans le Jardin, il veut aussi marquer qu'elle s'y multiplie en abondance. En 1765, vingt espèces avaient pris possession de ce terrain [1] ; elles sont réparties de la manière suivante :

Espèces sauvages aux environs de Montpellier........... 4

Espèces de la région montpelliéraine, mais ne croissant pas
aux environs immédiats de la ville................. 7

Espèces étrangères à la région de Montpellier, faisant partie
de la flore méditerranéenne...................... 3

Espèces étrangères à l'Europe (toutes américaines)....... 6

En défalquant de ce nombre les plantes spontanées dans nos alentours, il reste seize espèces naturalisées dans l'enceinte du Jardin. Douze ne paraissent pas avoir franchi les limites de l'école botanique ; quatre se

---

[1] Ce sont :

Circæa lutetiana,	Ægopodium Podagraria,
Milium paradoxum,	Amaryllis lutea,
Melica nutans,	Portulacca pilosa,
Hypecoum procumbens,	Stachys sylvatica,
Hypecoum pendulum,	Linaria Cymbalaria,
Asperugo procumbens,	Cardamine impatiens,
Chenopodium ambrosioides,	Bidens frondosa,
Bupleurum fruticosum,	Viola canina,
Veronica peregrina,	Mercurialis perennis,
Martynia annua,	Mimosa Fernambuccana.

sont étendues aux alentours de ce centre. (*Hypecoum procumbens*, **Hyp**. *pendulum, Veronica peregrina, Martynia annua*) ; mais deux seulement s'y sont véritablement établies. L'*Hypecoum pendulum* ne fait plus partie de notre flore. Quant au *Martynia annua*, il avait déjà disparu de la région trente ans après la publication de l'*Hortus regius;* au moins Gouan ne le signale-t-il nulle part dans les *Herborisations*, et on ne l'a plus retrouvé depuis cette époque.

A la catégorie des plantes introduites par les jardins, il faut rattacher le *Cyclamen hederæfolium*, naturalisé depuis plus d'un siècle à Château-Bon, près de Montpellier; il s'est parfaitement établi dans le parc, mais il n'en a pas franchi l'enceinte.

Les espèces officinales, cultivées surtout pour la médecine vétérinaire, sont à peu près dans les conditions des plantes de jardin. Quelques pieds suffisent aux besoins d'une ferme ou d'un village ; mais il leur arrive quelquefois de franchir les clôtures qui les entourent et de gagner la campagne. Nous en mentionnerons quelques-unes qui se sont ainsi avancées au milieu des espèces indigènes et ont réussi à se faire une place au milieu d'elles, mais c'est le plus petit nombre ; presque toutes ont fini par succomber dans une lutte inégale et par disparaître tout à fait.

Les grandes cultures fournissent à quelques plantes privilégiées des conditions de naturalisation beaucoup plus favorables ; elles les réunissent en grand nombre dans de vastes espaces où s'exercent à l'envi toutes les causes de dispersion. Aussi est-il bien rare qu'on ne rencontre çà et là, dans les fossés ou aux bords des chemins, quelques-unes des espèces alimentaires ou économiques qui font la richesse de la contrée ; bien peu cependant s'établissent à demeure. Depuis le xvie siècle jusqu'à nos jours, pas une n'est peut-être arrivée par cette voie à l'état de naturalisation complète.

Les cultures interviennent encore dans l'introduction de nouvelles espèces, par un procédé connu déjà depuis longtemps.

L'auteur de l'Éloge de Nissolle nous raconte que ce botaniste mit à profit, pour se procurer des plantes nouvelles, « une grande disette de grains qui se fit sentir dans le Languedoc, après le grand hiver de 1709. » On avait fait venir des grains du Levant afin de remédier à la détresse générale. « M. Nissolle, laissant aux autres le soin de se pourvoir de bon blé pour leur nourriture, ne songea qu'à profiter des criblures, où il crut pouvoir trouver de nouvelles graines qui lui découvriraient de nouvelles plantes. Il ne fut pas trompé dans ses espérances : ces prétendues ordures furent une espèce de pépinière de simples qu'il décrivit avec soin et dont il fit part aux botanistes avec lesquels il était en correspondance[1]. »

Il n'est pas de graines avec lesquelles ne se mêlent quelques-unes de ces criblures que Nissolle recherchait avec tant de soin : confiées au sol avec la plante précieuse, elles germent et lèvent en même temps qu'elle, et, si les efforts de l'homme n'interviennent, elles l'envahissent et l'étouffent. C'est de cette manière que le plus grand nombre de plantes étrangères ont pénétré dans le pays, et qu'elles y jouent aujourd'hui le même rôle que les espèces indigènes. Beaucoup s'y sont glissées à la faveur des cultures primitives, depuis les temps les plus reculés, et c'est probablement ainsi que l'Occident a reçu des colonies entières de plantes orientales marchant avec les premières migrations des peuples. Nous n'avons pas à nous occuper de ces introductions d'époques lointaines ; mais en nous renfermant dans les limites de notre histoire botanique locale, nous constatons au moins cinq espèces introduites par cette voie depuis le XVIe siècle jusqu'à nos jours. Elles ont acquis une extension considérable et présentent le caractère envahissant des mauvaises herbes. Toutes sont d'origine américaine. Deux appartiennent au genre *Amaranthus* (*A. albus*, *A. retroflexus*), deux aux *Xanthium* (*X. macrocarpon*, *X. spinosum*), la cinquième est le *Bidens bipinnata*.

Les semences étrangères trouvent encore occasion de se développer autour des moulins et des usines de même genre où, séparées par le lavage des graines alimentaires, elles sont rejetées au dehors comme inutiles. Il est rare qu'un certain nombre ne lèvent pas dans les environs de ces établissements, auxquels elles forment ainsi une flore toute particulière.

---

[1] *Histoire de la Société royale des sciences de Montpellier*, II, pag. 230.

M. Touchy a donné un exemple de cette végétation dans sa communication à la Société botanique du 9 juin 1857 [1].

On vient de voir comment l'importation des céréales ou d'autres graines exploitées par l'industrie peut servir à l'introduction des espèces; les relations commerciales interviennent plus directement encore par les deux procédés suivants.

Tous les botanistes connaissent de réputation le Port-Juvénal et le caractère exotique de sa flore. Ils savent comment les laines étrangères exploitées dans nos environs apportent avec elles de nombreuses graines; comment étendues, après le lavage, sur des champs cailloux que nous nommons prés à laine, elles laissent tomber ces germes sur le sol échauffé par les rayons solaires, et comment enfin toute une végétation exotique se trouve ainsi transplantée dans nos environs. Il ne sera cependant pas inutile, pour notre sujet, de rappeler les principaux traits de l'histoire commerciale et botanique de cette localité.

Les prés à laine du Port-Juvénal existent depuis longtemps. Un traité passé le 6 janvier 1700, entre Madame de Graves, concessionnaire du canal du Lez, et le corps des marchands de laine, autorisait ces derniers à utiliser, pour l'étendage de leurs marchandises, l'espace consacré de nos jours au même objet. Il est même probable, d'après quelques termes du traité, que les environs du port avaient été affectés à cet usage dès la création du canal, en 1686. Il y aurait donc déjà près de deux siècles qu'une flore exotique aurait eu l'occasion de s'établir à nos portes.

Les laines étrangères provenaient toutes primitivement du bassin de la

---

[1] Plantes trouvées par M. Touchy, le 7 juin 1857, auprès de trois moulins du Lez, au-dessus du pont neuf de Castelnau :

Glaucium tricolor, Bernh. — Sinapis Dillenii, et cinq ou six autres espèces. — Rapistrum, trois espèces. — Eruca vesicaria, Cav. — Brassica, une espèce. — Raphanus recurvatus, Del. — R. Raphanistro affinis species. — Silene, une espèce. — Trigonella Besseriana, Ser. — Melilotus, deux espèces. — Daucus maximus, Desf. — D. aureus, Desf. — Anethum segetum, L. — Gnaphalium, une espèce. — Senecio, une espèce. — Anthemis, deux espèces. — Chrysanthemum coronarium. — Anacyclus alexandrinus et un autre Anacyclus. — Centaurea. — Echinospermum Lappula, Lehm. — Echium. — Anchusa. — Rumex, une petite espèce presque acaule. — Phalaris quadrivalvis. — En tout, trente-cinq espèces étrangères à la flore de Montpellier. (*Bullet. de la Soc. bot.*, IV, 627.)

Méditerranée, et au commencement du siècle le commerce de cet article ne s'était guère étendu au-delà de ces limites. Le Levant, la Barbarie, l'Espagne, l'Italie, parfois la Russie méridionale, étaient les points principaux d'où provenaient ces importations; aussi les premières plantes observées aux environs des étendages et citées par De Candolle, appartiennent-elles toutes à la région méditerranéenne. Les mêmes habitudes ont subsisté jusque vers 1830 ; mais, à partir de cette époque, le commerce s'est tourné vers l'Amérique et principalement vers Buénos-Ayres et le Rio de la Plata. C'est encore de nos jours à ces régions lointaines que s'adressent nos principaux négociants.

De tout temps, les laines ont été soumises au même traitement : plongées d'abord dans l'eau chaude, puis lavées à l'eau froide et étendues sur les prés pour y sécher.

Les botanistes se sont surtout préoccupés de la première opération ; ils se sont demandé quelle influence elle pouvait avoir sur la faculté germinative des graines, et ils s'en sont peut-être exagéré les mauvais effets. Une température trop haute serait nuisible aux marchandises : l'eau ne s'élève pas au-dessus de 50°, et les laines n'y restent plongées qu'un instant. Si donc quelques germes peuvent être détruits par une trop forte chaleur, le plus grand nombre conservent leur vitalité, et l'on peut même croire que les opérations du lavage, loin de nuire à leur développement, le facilitent et l'accélèrent en rendant beaucoup moins résistantes les enveloppes de la graine.

Il n'y a guère plus de cinquante ans que cette végétation exceptionnelle a attiré l'attention des botanistes. Magnol n'y fait aucune allusion, ce qui nous ferait présumer qu'elle n'avait guère d'importance à cette époque. Les ouvrages de Sauvages et de Gouan ne font mention d'aucune espèce à laquelle on puisse attribuer ce mode d'introduction. Salzmann, Requien, Bouschet-Doumenq, au commencement du siècle, sont les premiers à recueillir quelques plantes exotiques dans les prés à laine, et De Candolle constate, pour la première fois, le résultat de leurs recherches dans la seconde édition de sa *Flore française*.

Une fois avertis de la présence de ces richesses aux environs de Montpellier, les botanistes y recherchent à l'envi de nouvelles plantes. Millois, jardinier en chef, en découvre un certain nombre que Loiseleur des Longchamps admet dans son *Flora gallica*; Delille se livre plus particulièrement à cette étude; il décrit les formes nouvelles et confie à l'habile pinceau des Node la reproduction des plus intéressantes. M. Touchy seconde activement les recherches du savant professeur et les continue avec une louable persévérance. Ses herborisations multipliées au Port-Juvénal augmentent dans des proportions considérables l'herbier spécial de cette localité et en forment une collection précieuse.

Delille avait fait de nombreuses descriptions de plantes trouvées dans les prés à laine, mais il n'avait jamais donné de travail d'ensemble. M. Godron a comblé cette lacune par son *Flora Juvenalis*, publié en 1853. Les matériaux nombreux amassés déjà dans l'herbier du Jardin lui ont permis d'énumérer 390 espèces dont 82 non encore décrites.

La session extraordinaire de la Société botanique, tenue à Montpellier en 1857, a attiré à la localité, désormais bien connue, du Port-Juvénal de nombreux visiteurs et des explorateurs habiles. MM. Cosson, Gay, Lespinasse, Durieu de Maisonneuve, etc., ont signalé leur passage par la découverte de plusieurs espèces intéressantes, et le premier a pu, dès l'année suivante, publier un supplément au *Flora Juvenalis* de Godron, augmentant de 68 espèces le catalogue de 1853.

Ce dernier document porte donc à 458 le nombre des plantes trouvées au Port-Juvénal. Elles se répartissent, au point de vue de leur habitation, de la façon suivante :

Europe (sauf la région médit.)		20
Région de la Méditerranée		356
Amérique { septentrionale	10	28
{ méridionale	18	
Afrique centrale		1
Australie		1
Espèce cosmopolite		1
Espèces à patrie inconnue		51
		458

Il est digne de remarque que les plantes américaines soient en si petit nombre : sur les 407 espèces dont la patrie est connue, moins de 7 %

viennent du continent transatlantique, tandis que 86 °/₀ appartiennent à quelques points de la région méditerranéenne. Or, si l'on considère que la plupart des espèces du Port-Juvénal ne font que passer dans cette localité, disparaissant parfois l'année même de leur introduction; et d'un autre côté que, depuis plus de trente ans et dans la période des explorations les plus actives, les laines exploitées dans nos environs ont été apportées presque exclusivement de l'Amérique méridionale, on s'étonnera de ce manque de proportion entre le nombre des espèces originaires d'un pays et la quantité des marchandises qui en sont provenues. On se gardera dès-lors de résoudre, comme a essayé de le faire M. Godron, une question commerciale au moyen d'une question botanique. Si rationnelle que puisse paraître à *priori* la déduction du savant botaniste, elle est formellement contredite par les faits.

Je viens de parler du caractère adventif de la flore du Port-Juvénal. On croit trop souvent que les prés à laine sont une espèce de jardin botanique où croissent à foison et côte à côte les espèces exotiques les plus variées. Il n'en est rien. Les 458 espèces qui y ont été signalées n'y ont apparu que successivement et sont le produit de plus de quarante années de nombreuses et persévérantes recherches. M. Touchy, dans une de ses communications à la Société botanique, établissait avec raison trois catégories dans les plantes du Port-Juvénal:

1° *Espèces transitoires*, ne paraissant que de temps en temps pour disparaître presque aussitôt; ce sont principalement les espèces des genres: *Trigonella; Medicago; Trifolium; Enarthrocarpus; Diplotaxis; Sinapis; Rapistrum; Aira; Briza; Bromus; Festuca; Vulpia*; etc.

2° *Acclimatées*, se renouvelant chaque année : *Centaurea iberica; C. diffusa; Verbascum cuspidatum; V. mucronatum; Ægylops cylindrica; Æ. ventricosa*.

3° *Naturalisées* s'étant propagées dans le pays, dont elles ont enrichi la flore. Ce sont celles qui nous intéressent le plus.

Dans sa *Flore française*, De Candolle cite l'*Onopordon virens* (*O. tauricum*) comme ayant été trouvé par M. Pouzin sur la route de Montpellier à Pérols, sans indiquer les relations de cette localité avec le Port-Juvénal. Il n'est pas douteux cependant que cette espèce orientale ne fût sortie dès cette époque de l'enceinte des prés à laine et ne se fût déjà répandue dans le voisinage. De nos jours elle a gagné du terrain : elle s'est étendue dans la direction de la rivière , et ne s'arrêtera probablement pas à ses limites actuelles. C'est en tout cas une acquisition assurée pour notre flore, la plus remarquable que nous devions à la végétation exotique du Port-Juvénal.

Les *Verbascum*, qu'on signale comme s'y étant naturalisés , ont une aire beaucoup plus restreinte et ne s'éloignent guère des environs immédiats du Port. De Candolle , dans sa *Flore française*, signalait le *Verbascum candidissimum* (nunc *mucronatum*) au Port-Juvénal et à Grammont. Il semble depuis lors avoir disparu de cette dernière localité.

En somme, l'*Onopordon virens* est la seule espèce d'une aire un peu étendue qu'ait apportée à notre flore cette riche colonie, établie à nos portes depuis plus de deux siècles et qui s'est successivement recrutée dans les quatre parties du monde [1].

Une végétation semblable, signalée par MM. Lespinasse et Théveneau, celle des lavoirs à laine de Bessan, a encore moins donné de plantes nouvelles à notre flore. 44 espèces ou variétés étrangères ont passé dans cette localité, sans s'y fixer ou se répandre hors de son enceinte. Il est vrai que l'établissement a subsisté à peine quelques années, et que le terrain affecté à l'étendage a subi, depuis 1859, une transformation complète qui a dû faire disparaître les moindres traces des ces espèces transitoires. Les galets ont été enlevés , le sol labouré et livré à la culture.

Le transport des graines par le lest des navires est un dernier mode d'introduction dont notre région offre quelques exemples. Le sable , qui joue le plus souvent le rôle de lest, contient presque toujours quelques graines des régions où il a été pris. Jeté sur nos rivages, il y introduit les germes de nouvelles espèces, qui trouvent dans le terrain les conditions physiques et chimiques qui leur conviennent. Si le climat leur est favorable, elles ne tardent pas à lever et à s'établir au moins temporairement. MM. Lespinasse et Théveneau ont recueilli, pendant les années

---

[1] Je ne saurais considérer le *Verbascum australe* et le *Nasturtium stenocarpum*, God., longtemps désigné à Montpellier sous le nom de *N. amphibium* , β *variifolium*, comme des plantes introduites dans notre flore. Ce sont bien réellement des espèces du pays.

1856, 1857 et 1858 trente-trois espèces étrangères à notre flore et provenant de cette origine. Hâtons-nous d'ajouter que, comme pour les prés à laine, ce n'est guère qu'une végétation adventive et qui joue dans l'introduction de nouvelles espèces un rôle bien peu important. Depuis le commencement du siècle et sur la longue ligne de rivage qui borde notre région, il ne s'est établi que trois espèces nouvelles : l'*Onopordon tauricum* (*O. virens*), parti également du Port-Juvénal, l'*Ambrosia tenuifolia* et l'*Heliotropium curassavicum*, et ces plantes n'occupent qu'un espace très-restreint.

Nous venons de passer en revue les causes qui ont favorisé l'introduction de nouvelles espèces dans la région de Montpellier; elles sont nombreuses, et si on ne considérait que la variété de leurs moyens d'action, on les dirait bien puissantes. Il est difficile de se faire une idée précise du nombre d'espèces dont elles ont apporté les graines dans le pays, mais on soupçonne aisément combien il doit être considérable.

Qu'est-il résulté de tous ces germes confiés à notre sol?

La plupart sont morts sans rien produire.

D'autres ont levé : les plantes qui en sont provenues ont parcouru toutes les phases de leur développement, mais elles n'ont fait que passer dans la contrée, sans y prendre droit de possession. Ce sont les espèces adventives du Port-Juvénal ou de Bessan, celles qui croissent autour des moulins ou des usines. On peut évaluer à cinq ou six cents le nombre de ces plantes qui ont fait un premier pas vers la naturalisation, mais qui se sont bientôt arrêtées dans cette voie.

Quelques-unes ont persisté plus longtemps dans le pays et s'y rencontrent encore; elles réussissent au milieu de certaines cultures et changent de place avec elles, mais elles ne peuvent vivre que dans ces conditions particulières, et leur existence dans le pays est tout à fait accidentelle. Trois espèces [1], qu'on a souvent regardées comme naturalisées, sont ainsi constamment exposées à disparaître et ne peuvent être regardées comme définitivement établies.

D'autres, sorties des cultures, se maintiennent dans les fossés ou aux

[1] Anemone coronaria. — Tulipa Oculus solis. — Nigella sativa.

bords mêmes des chemins, mais sans s'éloigner jamais des champs qui les ont fournies et sans montrer aucune tendance à envahir de nouveaux espaces. Il est difficile d'en apprécier le nombre; nous n'en citerons que quatre à cinq, qui présentent au plus haut degré ce caractère.

Enfin, il est des espèces complètement naturalisées, en tout comparables aux plantes indigènes. Toutes ne jouent pas cependant le même rôle dans la végétation; leur tendance à l'envahissement présente des degrés très-divers, qui permettent de les diviser en trois catégories.

Les unes ne sont pas sorties de leur localité primitive; elles n'existent qu'au point où elles ont été introduites. Six[1] espèces sont dans ce cas; elles se répartissent, d'après leur pays d'origine, de la manière suivante,

Amérique..........................	3
Europe............................	1
Orient.............................	1
Cap...............................	1

Trois espèces[2] se sont étendues autour du point de leur introduction; mais elles ne s'avancent que très-lentement et n'envahiront probablement pas le pays. Deux appartiennent à l'Amérique. Une nous est venue d'Orient.

Sept[3] possèdent enfin au plus haut degré le caractère des plantes envahissantes; ce sont de mauvaises herbes qu'il est difficile d'extirper dans les endroits où elles s'établissent ou qui, en peu de temps, s'étendent sur des espaces considérables. Ces plantes, qui se sont fait une large place dans la végétation du pays, appartiennent toutes à l'Amérique.

Faudrait-il déduire de là que les espèces américaines doivent mieux réussir chez nous que celles d'autres contrées, de la région méditerranéenne, par exemple? Nous ne le croyons pas. Le fait s'explique plus naturellement de la manière suivante. Les plantes de l'ancien Monde aptes

---

[1] Bowlesia tenera. — Ambrosia tenuifolia. — Heliotropium curassavicum. — Cyclamen hederæfolium. — Aponogeton distachyon. — Acorus Calamus.

[2] Onopordon virens. — Jussiæa grandiflora. — Veronica peregrina.

[3] Œnothera biennis. — Erigeron canadense. — Amaranthus albus. — Amaranthus retroflexus. — Xanthium spinosum. — X. macrocarpon. — Bidens bipinnata.

à se répandre dans nos pays, ont eu de fréquentes occasions de s'y introduire antérieurement à la période dont nous nous occupons. Reçues avant le xvıᵉ siècle, les espèces étrangères de cette origine n'entraient donc pas dans le cadre de notre travail. Les espèces venues d'Amérique ont dû, au contraire, y figurer toutes, parce qu'elles n'apparaissent chez nous que depuis trois siècles. De là leur nombre prépondérant dans les diverses listes que nous avons eu à dresser.

Nous ne devons jamais oublier, en effet, que les résultats de notre étude ne s'appliquent qu'à une période déterminée et qu'ils ne sont vrais que pour ce laps de temps. Cette restriction doit s'appliquer à toutes les conclusions que nous avons données dans ce chapitre. Nous les résumons de la manière suivante :

Depuis le xvıᵉ siècle jusqu'à nos jours :

1º Cinq espèces au plus ont disparu de la région de Montpellier ;

2º Les récoltes des herborisateurs ou des jardiniers n'ont pas détruit une seule espèce ;

3º Les causes physiques (vents et courants d'eau) ont répandu certaines plantes sur la surface du pays, mais elles n'en ont peut-être pas introduit une seule dans la région ;

4º Les essais de naturalisation tentés par les botanistes à diverses époques sont presque tous restés sans résultat. Trois espèces seulement, toutes habitant les eaux, ont été introduites directement par l'homme ;

5º Les cultures (champs cultivés, jardins et particulièrement Jardin botanique) ont introduit six espèces définitivement naturalisées et occupant de grands espaces, deux espèces beaucoup plus localisées, enfin un nombre indéterminable de plantes adventives ;

6º Les étendages de laine du Port-Juvénal et du lavoir de Bessan ont donné au pays une végétation exotique adventive; une seule espèce bien établie est sortie de ces localités ;

7º Le lest des navires a déposé sur nos rivages trois espèces qui n'occupent qu'une aire très-restreinte ;

8° Les plantes vraiment naturalisées sont au nombre de seize; elles peuvent se répartir en trois groupes, suivant leur plus ou moins d'extension :

Espèces qui ne sont pas sorties de la localité où elles ont été primitivement introduites................................ 9

Espèces d'une extension très-restreinte et très-lente........... 3

Espèces qui ont rapidement envahi la région................ 6

9° Les espèces d'Amérique dominent parmi les plantes naturalisées ; elles forment à elles seules toute la dernière catégorie.

CHAPITRE III

ESPÈCES DÉTRUITES, ADVENTIVES OU NATURALISÉES.

A. *Plantes ayant disparu de la région.*

Arum Arisarum. L. Lobel (*Adv.*, 260) rapporte qu'un de ses amis, Stephan Barral, lui avait souvent montré cette plante auprès d'un ruisseau des environs de Montpellier. Magnol, qui avait exploré avec soin cette localité, pensait que l'on avait bien pu prendre pour des feuilles d'Arisarum les feuilles jeunes de l'Arum ordinaire : il n'avait jamais trouvé l'espèce dans cet endroit, mais bien sur la Gardiole, près de l'ermitage de Saint-Bazile : « *in vasta solitudine dum ad anachoretæ donunculam tenderemus, vulgo* l'ermitage de Saint-Bazile, *via Frontignagni, juxta cocciferas ilices.* (*Bot.*, 27.) Gouan l'indique à Valmagne, à Bouzigues et à Frontignan (*Hortus*, 478), et aussi à Mireval et au Cros de Mièges (*Herb.*, pag. 147-148); il a probablement fait pour quelques localités la confusion que Magnol attribuait à Lobel.

Lupinus luteus. L. Cherler, d'après Jean Bauhin, avait apporté cette espèce de Montpellier et avait ainsi confirmé les données de Lobel : « *Monspelij in satis et cultis visitur Lupinus floribus luteis.* » (*Adv.*) Magnol ne paraît pas l'avoir trouvée (*Bot.*, 167); quant à Gouan, il l'indique au bois de Valène (*Hort.*, 363); mais dans ses *Herborisations* il fait remarquer (Note de l'introduction, VIII) qu'on la cherchera bientôt en vain. On ne l'a plus retrouvée depuis.

Lupinus varius. L. Clusius (*Hist. Plant.*, CCXXVIII) l'avait observé au-delà du Lez; Lobel l'indique dans les cultures autour du bois de Grammont. (*Adv.*, 596.) Magnol l'a souvent trouvé entre le pont de Castelnau et Grammont, dans les champs ensemencés. (*Bot.*, 167.) Gouan le cite à Grammont (*Hort.*, 362), mais il fait observer (*Herb.*, note de l'introduction, VIII) qu'il tend à disparaître. On ne le trouve plus dans la région.

? **Clematis recta.** L. Cette espèce n'a été qu'entrevue dans la région ; elle n'est pas indiquée dans le *Botanicon monspeliense*, de Magnol ; le *Flora monspeliensis*, de Nathhorst, la donne comme ayant disparu. Gouan l'indique sur le chemin de Castelnau, à droite avant le pont (*Hort.*, 263) ; plus tard, dans ses *Herborisations* (note de l'introduction, viii) il la donne comme perdue. A-t-elle jamais existé dans le pays? Ne serait-ce point par erreur qu'on l'y a indiquée? Plus récemment, elle a été trouvée, parait-il, à Aigues-Mortes par Delaveau; mais les autres botanistes ne l'y ont jamais cueillie après lui. (*Flore du Gard*, I, 4.)

? **Coronilla juncea.** Rapporté de Montpellier à Jean Bauhin. Depuis lors, ni Magnol (*Bot.*, 72), ni Gouan (*Hort.*, 377), ni aucun autre botaniste, ne l'ont vu dans nos environs. Peut-être n'y a-t-il jamais été?

B. *Plantes indiquées à tort dans la région.*

Ranunculus amplexicaulis. L. (Gouan, *Hort.*) = R. *gramineus.* L.

Pœonia officinalis. L. (Gouan, *Hort.*) = *Pœonia peregrina.* Mill.

Cistus ladaniferus. L. (Gouan, *Hort.* et *Herb.*) = *Cistus Ledon.* Lam.

Helianthemum Tuberaria. Mill. Magnol, trompé par une erreur de Dalechamp, avait d'abord confondu sous le même nom deux plantes distinctes : *Tuberaria major Mycon.* (*Helianthemum Tuberaria*) et *Tuberaria minor Mycon.* (*H. Guttatum*) (*Bot.*, 69). Il revient sur cette confusion dans son édition de 1686 (*Bot.*, 293) et n'indique plus comme précédemment l'*H. Tuberaria* à Grammont, mais seulement à Vauvert. Gouan applique à la plante de Grammont les deux noms: *Cistus guttatus* et *Cistus Tuberaria.* (*Herb.*, 133.) La dernière espèce n'existe point dans cette localité.

Lavatera triloba. L. (Gouan, *Hort.*). = *Lav. maritima.* Gouan.

Lavatera Thuringiaca. L. Indiqué à Montpellier par Cherler, d'après J. Bauhin; n'a été retrouvé, ni par Magnol (*Bot.*, 16), ni par Gouan (*Hort.*, 548). C'est probablement un échantillon du *Lavatera maritima*, à fleurs plus grandes, qui aura été pris pour le *Thuringiaca.* (*Voir* D.C., *Flore franç.*, v, 626.)

Silene Behen. L. Indiqué à Grammont et à Saint-George par Gouan (*Hort.*, 217); n'a pas été retrouvé depuis.

Tetragonolobus conjugatus. Link. Indiqué à Salaison, à Prades et à Montferrier par Gouan (*sub Loto conjugato*, in *Hort.*, 594); il est douteux que cette plante ait jamais été dans ces localités.

Scorpiurus sulcata. L. Gouan l'indique au Terrail et à Lavalette (*Hort.*, 381), et

7

De Candolle dans le midi de la France, mais seulement d'après Gouan. C'est une autre espèce du même genre qui croît dans nos environs. La plante signalée par Lobel, J. Bauhin et Magnol (*Bot.*, 254), se rapporte sans doute au *Scorpiurus subvillosa*.

Genista monosperma. Lam. Indiqué par Sauvages (*Method. fol.*, 95) dans la région, et par Gouan au bois de Valène et à l'Espérou (*Hort.*, 955); il n'y croît plus maintenant. De Candolle (*Flor. fr.*, v, 544) avait déjà constaté qu'il doit être rayé de la liste des plantes françaises.

Lonicera cærulea. L. Indiqué à tort par Gouan entre Bramabiaou et Meyrueis; n'a pas été retrouvé dans cette localité. (De Pouzolz, *Flore du Gard*, II, 57.)

Linnœa borealis. L. Indiqué à tort par Sauvages (*Meth. fol.*, 137) et Gouan (*Hort.*, 507) entre l'Espérou et Meyrueis; n'est pas dans la région.

Carlina racemosa. L. Indiqué à Valène et à Rouquet par Gouan (*Hort.*, 496); ne se trouve pas à Montpellier.

Anthemis alpina. (Gouan, *Flora*.) = *Anth. montana* β. D.C. (fide D.C., *Flor. fr.*)

Bellidiastrum Michelii. L. Indiqué à tort dans les environs de Montpellier (*Hort.*, 447) par Gouan, qui a probablement appliqué ce nom au *Bellis sylvestris*.

Jasminum humile. L. La plante indiquée sous ce nom à Montpellier par Sauvages (*Meth. fol.*, 22) et Gouan (*Hort.*, 5) paraît n'être que la variété à feuilles pinnatifides du *J. fruticans*. (Voir D.C. *Flore française*, v, 394)

Cynoglossum officinale. L. (Gouan, *Hort.*) = *Cy. pictum.* Ait.

Stachys hirta. L. Indiqué par Gouan (*Hort.*, 578) à Lavérune et à Caunelles (sub Sideriti Ocymastro). Cette espèce n'est dans la région de Montpellier qu'adventive, sur le vieux lest de navires à Agde.

Sideritis hyssopifolia. L. Indiqué probablement à tort par Gouan à Valène, Rouquet, Prades (*Hort.*, 278, et *Herb.*).

Euphorbia myrsinites. L. Gouan l'indique à Mauguio, Lattes, Villeneuve (*Hort.*, 177) et De Candolle aux mêmes endroits, sur l'autorité de Gouan. Dans sa seconde édition de la *Flore française* (v, 364), il revient sur cette donnée et fait remarquer, avec raison, que la plante n'est pas à Montpellier.

Narcissus odorus. L. (Gouan. *Hort.*) = *N. incomparabilis* Mill.

Arum tenuifolium. L. Indiqué par Sauvages à Montpellier (*Meth. fol.*, 16); ne s'y trouve nulle part.

C. *Plantes indiquées à tort dans les environs de Montpellier, mais existant dans d'autres localités de la région.*

Chrysanthemum monspeliense. L. Magnol (*Bot.*, 508) l'indique dans des endroits presque inaccessibles de l'Espérou; Gouan à l'Espérou, à Valène du côté de Viols (*Hort.*, 449), entre Assas et le Saint-Loup (*Herb.*). On ne l'a pas trouvé depuis dans les localités de la plaine. De Candolle fait observer (*Catal.*, 96) que cette plante ne croît pas dans la partie basse de notre région; il dit même dans sa préface: «*Sic Rosa monspeliensis, Chrysanthemum monspeliense nullo modo floræ nostræ physicæ consocianda mihi videntur , et lubentius gebennenses dicam.* » Roubieu l'a trouvée au moulin Bondoux , près de Saint-Jean-de-Bruel, et Dunal dans l'endroit indiqué par Magnol. (D. C., *Fl. fr.*, v.)

Aster alpinus. L. Indiqué par erreur à Valène, dans l'*Hortus* de Gouan; ne se trouve que dans les montagnes.

Androsace maxima. L. Gouan l'indique à Mireval et à Frontignan (*Hort.*, 87); il n'existe que dans les Cévennes.

Pinus sylvestris. L. N'existe que dans les Cévennes: dans la plaine, le *Pinus halepensis* domine, et c'est l'espèce que Gouan appelle *P. sylvestris*.

Orchis odoratissima. L. C. Bauhin (*Prodr.*) dit l'avoir trouvé à Montpellier. Magnol ne l'y a jamais vu (*Bot.*, 173). Gouan l'indique à Celleneuve, à la source du Lez (*Hort.*, 469). Antérieurement, Nathhorst le portait dans la liste des espèces montpelliéraines; il existe en effet dans les montagnes, mais non point, comme le dit Gouan, dans la partie basse de la région.

Crocus vernus. L. Dans son *Flora monspeliaca*, Gouan indique cette espèce dans diverses localités de nos environs, mais il applique cette détermination à l'*Ixia Bulbocodium*. Il rectifie du reste lui-même son erreur (*Herb.*, 4). Le vrai *Crocus vernus* se trouve dans les Cévennes.

D. *Plantes adventives ayant existé dans la région.*

Delphinium Staphysagria. L. Dalechamp (*Hist. plant.*, 1629) l'indique partout autour de Montpellier. Magnol ne le trouve que rarement dans les sables, près du pont de Castelnau et à Grammont, plus abondant à Assas. Gouan le signale entre Castelnau et Grammont et aussi à Prades. Aujourd'hui cette espèce n'est qu'accidentelle; il est plus que probable qu'elle était autrefois cultivée très-fréquemment pour ses graines, qui servaient à tuer la vermine des bestiaux, et qu'elle s'était échappée des jardins.

Hypecoum pendulum. L. Cette espèce est signalée pour la première fois par Sauvages aux environs de Montpellier. (*Meth. fol.*) Elle avait déjà été distinguée par les auteurs du xvi° siècle, et il est probable que Magnol l'aurait remarquée s'il avait eu occasion de la voir. Sauvages n'indique pas de localité spéciale. Gouan donne l'espèce comme mêlée à la précédente, mais plus rare. Elle n'existe plus dans notre région. On peut même se demander si Gouan n'a pas pris pour cette espèce quelques échantillons de l'*Hyp. procumbens*.

Opuntia Ficus indica. L[1]. Lobel semble indiquer (*Adv.*, 454) la tendance de cette plante à se naturaliser aux environs de Montpellier : « *Non modo cultæ sed etiam neglectæ plantæ multos annos viruerunt.* »

Conium maculatum. L. Indiqué par Gouan sous le Pérou, à *las Aygarellas* (*Hort.*, 157) ; il n'est plus à Montpellier.

Echinops sphærocephalus. L. Gouan l'indique comme abondant autour des moulins (*Hort.*, 420) ; il ne s'est établi nulle part aux environs.

Atractylis cancellata. L. Naturalisé, du temps de Gouan (*Hort.*, 427), à Castelnau et le long du Lez ; il a disparu depuis.

Martynia annua. L. Naturalisé, du temps de Gouan, autour du Jardin botanique (*Hort.*, 505) ; cette espèce avait déjà disparu à l'époque où l'auteur a publié ses *Herborisations* ; du moins il n'en est plus question dans cet ouvrage.

Acanthus mollis. L. Du temps de Lobel, cette plante était introduite dans quelques champs plantés d'oliviers, près des remparts de Montpellier et aussi à la *Pile Saint-Giles*, où les pharmaciens allaient la cueillir (Lob., *Adv.*, 565). Magnol se borne à dire qu'au xvi° siècle, elle avait été naturalisée par le moyen des jardins (*Bot.*, 5), sans signaler son plus ou moins d'extension. Gouan (*Herb.*, 209) la donne comme perdue, après l'avoir indiquée à Salaison. En somme, elle paraît s'être maintenue dans la même localité depuis le xvi° siècle jusque dans la seconde moitié du xviii°. L'Acanthe est, du reste, une des plantes qui se multiplient le plus naturellement de graines dans nos jardins.

Cypripedium Calceolus. L. Cette espèce a vécu quelque temps à la Piscine, près de Montpellier ; un étudiant en médecine, nommé Salanson, l'y avait trouvée en 1760, et Gouan l'y a observée l'année suivante (*Hort.*, 475) ; mais ce botaniste ne l'indique plus dans ses *Herborisations*. La plante était, ou échappée de jardin, ou même plantée directement à l'endroit où on l'a observée.

Narcissus odorus. L. Trouvé à Château-Bon par De Caudolle (*Fl. fr.*, v) ; il n'y est plus de nos jours.

Amaryllis lutea. L. Assez commun du temps de Gouan à Chantarel, au-delà de Gram-

---

[1] Cette espèce, beaucoup moins rustique que l'*Opuntia vulgaris*, ne supporte pas les froids de nos hivers rigoureux.

mont à droite et à la Banquière, dans les haies. Gouan pense que cette plante pouvait bien y avoir été naturalisée par Nissolle (*Herb.*, 22); on ne l'y trouve plus aujourd'hui.

Arum Dracunculus. L. Au dire de Lobel (*Adv.*, 261), il prospérait dans les moissons de Montpellier et dans les terres fortes, et il s'y reproduisait de graines. Du temps de Magnol (*Bot.*, 87), il aurait été difficile de le trouver, soit dans les cultures, soit en dehors : c'était une plante de jardin. Gouan l'indique cependant comme spontanée au Boulidou, près de Pérols, et à Mireval (*Herb.*, 140 et 147), après avoir dit dans son *Hortus* : « *Non occurrit hodie in agro Monspessulano* ». Depuis lors, on ne l'a plus trouvé dans nos environs.

E. *Plantes adventives qu'on trouve encore dans la région.*

† *Plantes suivant les cultures.*

Anemone Coronaria. L. Cette belle espèce existe aux environs de Montpellier depuis le milieu du siècle dernier. Gouan la signale le premier, en 1762 (*Hort.*, 262), à Lavérune et à Château-Bon. Elle a, depuis lors, changé de place avec les cultures; actuellement, on ne la trouve plus dans les localités de 1762, mais dans un champ du Plan des Quatre-Seigneurs. La variété à fleurs violettes y représente seule l'espèce; elle ne s'y maintient que par les rhizômes, car elle ne donne jamais de graines fertiles. Si la culture se modifie, si la vigne s'établit dans cet endroit, la couche où s'abritent les rhizômes de la plante sera bouleversée et l'espèce sera certainement détruite; c'est ce qui est arrivé déjà pour quelques localités de nos environs. Nous l'avons trouvé l'année dernière, dans un champ où elle prospérait autrefois, qu'un seul pied isolé de cet Anémone, et dans deux ou trois ans il n'y aura là certainement aucune trace de cette plante.

Rœmeria hybrida. D. C. Clusius avait trouvé cette espèce à Lattes, dans les champs d'avoine, et Magnol l'y avait souvent cueillie en fleur (*Bot.*, 199). Gouan (*Hort.*, 252) l'indique à Grammont, à Mauguio, à Castelnau et à Boutonnet (*Herb.*). On la trouve encore de nos jours dans les champs du côté de Castelnau. M. de Saint-Hilaire l'a récoltée sur une aire du quartier de l'Aiguelongue (*Herbier*). Cette plante a évidemment de la tendance à se naturaliser. Elle est citée parmi les espèces adventives de Bessan, mais elle paraît suivre les cultures et ne se fixer nulle part définitivement.

Nigella sativa. L. Magnol ne fait pas mention de cette espèce dans son *Botanicon monspeliense.* Dans son *Hortus,* Gouan dit seulement : *hospitatur sub dio.* De Candolle (*Fl. fr.*, v, 640) l'indique dans les champs aux environs de Montpellier. Elle est rare aujourd'hui dans la région. L'herbier du Jardin des Plantes en contient quelques exemplaires récoltés en juin 1856 dans les champs de Mauguio.

Sesamum orientale. L. M. Touchy a recueilli plusieurs échantillons de cette espèce dans les champs de Maurin, en 1845 et en 1847. Ils sont dans l'herbier Montpelliérain du Jardin des Plantes.

Tulipa oculus solis. St-Amans. Cette espèce, qu'on trouve également dans quelques champs de blé, n'avait été observée ni par Magnol, ni par Gouan, ni par De Candolle. Comme les précédentes, elle ne sort pas de certaines cultures et change de place avec elles.

†† *Plantes échappées des jardins et des cultures, ou se développant autour des habitations.*

Euphorbia Lathyris. L. Déjà échappé des jardins aux environs du Vigan, en 1762. (Gouan, *Hort.*, 252). De nos jours, de Pouzolz (*Flore du Gard*, II, 297) l'indique au voisinage des habitations à Cabrières, le Vigan, Alzon.

Cannabis sativa. L. Établi, du temps de Magnol, le long du Verdanson (*Bot.*, 47). Gouan dit (*Hort.*, 504) qu'on le rencontre souvent à la *Font-Putanelle*, au *Verdanson*. De nos jours, on le trouve çà et là dans nos environs, toujours échappé de cultures.

Chenopodium ambrosioides. L. Cette espèce, originaire du Mexique, a toujours marqué en Europe une grande tendance à la naturalisation. Linné dit (*Hort. Clif.*, 85) qu'elle se reproduisait facilement dans les déblais du jardin de Lund, et Gouan lui applique la phrase « *luxuriat in horto regio* ». (*Hort.*, 125.) Elle me paraît cependant ne s'être répandue que fort tard dans nos environs. Je ne l'ai pas vue dans l'herbier Pouzin, et le catalogue de M. Bentham (1826) ne l'indique qu'à Toulouse et dans les Pyrénées-Orientales. L'herbier Saint-Hilaire en contient quelques échantillons avec cette étiquette « autour des maisons, Montpellier, 1846. » L'herbier du Jardin des Plantes la mentionne à Castelnau et à Lavérune. On la trouve souvent aux environs des moulins. Ce n'est pas une plante définitivement établie. On ne la voit nulle part en pleine campagne, et il est probable qu'elle doit être resemée à diverses reprises par des graines venues du dehors, pour se maintenir autour de Montpellier.

Sorghum halepense. Pers. Dans son *Hortus monspeliensis*, Gouan dit seulement que cette espèce réussit en plein air au Jardin des Plantes. Trois ans plus tard il l'indique au-delà de Boutonnet (*Flora*). Depuis lors on la retrouve çà et là, mais jamais très-abondante.

Sorghum vulgare. L. Cette espèce, originaire de l'Inde, se rencontre çà et là, échappée des cultures et presque naturalisée. J'en ai vu les diverses variétés (*semine albo*, *luteo*, *nigro*, etc.), venant de Lattes, de Lavérune, de Maurin, de Grammont, etc. Ce n'est pas encore cependant une plante établie dans le pays et qui puisse compter comme une acquisition de notre flore. Gouan ne l'avait jamais vue que cultivée (*Hort.*, 515), De Candolle (*Flor. fr.*, v, 186) la donne aussi comme cultivée dans les provinces méridionales. Bentham ne la porte pas sur son catalogue.

F. *Plantes naturalisées.*

Bowlesia tenera. Spreng. Cette espèce américaine « s'est tout à fait naturalisée dans le jardin de M. Esprit Fabre, à Agde, où elle se reproduit depuis plusieurs années dans les lieux incultes. » (Lespinasse et Théveneau, *loc. cit.*, 7.)

Ambrosia tenuifolia. Spreng. Introduit à Cette par le lest des navires, mais n'occupant qu'un très-petit espace.

Heliotropium curassavicum. L. Cette espèce américaine, qui n'est indiquée aux environs de Montpellier dans aucun des ouvrages du commencement de ce siècle, a été apportée dans deux localités par le lest des navires : aux Cabanes de Palavas, où elle est bien établie, mais sur un très-petit espace, et à Cette, dans une vigne sur les bords de l'étang de Thau.

Cyclamen hederæfolium. Koch. Naturalisé depuis plus d'un siècle à Château-Bon, près de Montpellier, où Gouan l'indique sous le nom de *C. europæum.*

Aponogeton distachyon. Pers. Introduit dans le Lez, à Lavalette, par M. des Hours-Farel, vers 1830. Il s'y est maintenu, mais sans beaucoup s'étendre.

Acorus Calamus. L. Planté vers 1849 dans le parc de Grammont, par le jardinier de Mᵐᵉ de Bricogne, qui le tenait du Jardin des Plantes; il s'y est solidement établi (Martins, *loc. cit.*)

†† *Plantes très-peu étendues en dehors de leur centre d'introduction.*

Onopordon tauricum. Willd. (*Onopordon virens*, D. C.) Cette espèce orientale est représentée dans l'herbier Pouzin par quelques échantillons, avec cette note : « Je l'ai trouvée pour la première fois sur le chemin de Pérols et à Grammont; présentée à M. D. C. , en juillet 1813. Espèce nouvelle. » A côté, se trouve un exemplaire recueilli, en 1812, au Port-Juvénal. C'est en effet des prés à laine qu'est sortie la plante, pour s'étendre dans diverses directions, mais principalement le long des rives du Lez, jusque vers les Cabanes. Elle a été aussi introduite aux environs de Cette par le lest des navires; mais elle s'y est bien moins étendue.

Jussiæa grandiflora. Michx. D'après Chapel (*Bull. Soc. agric. de l'Hérault*, avril 1858), cette belle espèce a été introduite dans le Lez par Millois, jardinier en chef du Jardin des Plantes de 1820 à 1825. Elle s'est étendue à partir du Port-Juvénal jusque vers l'embouchure de la rivière, et a même remonté quelques-uns de ses affluents. Elle n'est jamais fertile et ne s'étend que par les rhizômes; mais elle est si abondante en quel-

ques points, qu'on l'a accusée de gêner le passage des petites barques et le jeu des écluses.
— M. Touchy lui a attribué un autre mode d'introduction : il pense que la plante est sortie
des lavoirs à laine du Port-Juvénal. Elle existait, d'après lui, dans le Lez en 1808, avant
toute tentative de naturalisation. M. de Candolle l'avait déjà remarquée à cette époque,
lors de ses premières herborisations autour de Montpellier. — Cependant De Candolle ne
la mentionne nulle part dans sa *Flore française*, et les herbiers antérieurs à 1830 n'en
contiennent pas de trace. J'ai consulté l'herbier de Pouzin, auquel une plante aussi apparente n'aurait pas échappé, et je n'ai pu l'y trouver. Les échantillons de l'herbier Montpelliérain du Jardin des Plantes ne remontent pas au-delà de 1835. Pour ces raisons, je
crois devoir maintenir l'opinion de Chapel : l'introduction de l'espèce par les efforts volontaires de l'homme.

Veronica peregrina. L. Devenu indigène, du temps de Gouan, aux environs du
Jardin des Plantes (Gouan, *Herb.*, 5). Il y existe encore çà et là ; l'herbier du Jardin
des Plantes en contient des exemplaires cueillis à Boutonnet.

††† *Plantes s'étant étendues sur de grands espaces.*

Œnothera biennis. L. Espèce commune dans l'Amérique méridionale et introduite
dans les jardins de l'Europe, de 1614 à 1619. Du temps de Magnol, elle existait au Jardin de Montpellier ; mais Sauvages, en 1751 (*Meth. fol.*), est le premier auteur qui
l'indique comme naturalisée dans la région, au Vigan et près de la mer. Le *Flora monspeliensis* en fait également mention. Gouan se borne à dire qu'elle croît en plein air au
Jardin (*Hort.*, 192). L'herbier Pouzin en contient des exemplaires cueillis au Vigan. De
nos jours elle se trouve çà et là le long de nos rivières ou dans les endroits sablonneux.
Les graines de cette espèce se sont-elles échappées de jardin ou ont-elles été transportées
des régions voisines dans la nôtre ? La première hypothèse me paraît la plus probable.
Les courants d'eau ont dû singulièrement favoriser son extension.

Erigeron canadense. L. Cette plante américaine n'est pas mentionnée dans la dernière édition du *Botanicon monspeliense* de Magnol (1686). En 1696, elle était cultivée
au Jardin des Plantes (*Hort.* de Magnol), et s'est répandue dans la campagne, entre cette
époque et 1751. Sauvages l'indique alors comme montpelliéraine (*Meth. fol.*, 55.)
Était-elle sortie du Jardin ? était-elle venue des régions du Midi, où elle s'était déjà
propagée depuis 1675 ? (A. De Candolle, *loc. cit.*, 726.) Il est difficile de le décider ; en
tout cas, le vent a dû jouer un grand rôle dans sa rapide extension sur de vastes espaces.

Bidens bipinnata. L. Ni Magnol, ni Sauvages, ni Nathhorst, ne signalent cette
espèce aux environs de Montpellier. Elle était cependant cultivée au Jardin royal depuis
1696 (*Hort.* Magnol). Elle paraît s'être introduite dans la région entre la publication de
l'*Hortus* de Gouan (1762) et celle du *Flora monspeliaca* du même auteur (1765). Du

moins, l'*Hortus* ne contient que cette indication : *hospitatur sub dio ;* tandis que le *Flora* signale la plante à *Celleneuve , la Paillade* et *Grammont*. Depuis lors les auteurs la signalent dans nos environs (Gouan , *Herb.* — D.C. *Fl. fr.*, v. — Grenier et God. *Fl. fr.*). Elle est surtout abondante dans certaines vignes de Ganges , qui en sont infestées.

Xanthium spinosum. L. Magnol avait introduit au Jardin des Plantes cette espèce, dont un jardinier lui avait donné des graines, rapportées du Portugal par Tournefort (*Hort.*, 208). En 1697, elle n'était pas encore sortie du Jardin. En 1751, Sauvages (*Meth. fol.*, 215) la donne comme *naturalisée aux environs de Montpellier,* et Gouan écrit, douze ans plus tard : «*habitat ubique in arvis et ad margines sepium. Facta indigena.*» Depuis lors , elle est très-abondante dans nos fossés et nos chemins.

Xanthium macrocarpon. D.C. Cette espèce n'avait pas été trouvée aux environs de Montpellier en 1813 : au moins n'est-elle pas mentionnée à cette époque sur le catalogue du Jardin des Plantes de De Candolle. Cet auteur l'indique en 1815, dans la *Fl. fr.* (v., 586), comme trouvée par Mademoiselle Lucie Dunal, dans les vignes du Bas-Languedoc ; depuis lors, elle s'y est abondamment répandue, et c'est aujourd'hui dans nos cultures , et particulièrement dans les terrains siliceux , l'espèce la plus abondante.

Amaranthus albus. L. Si l'on se fiait à l'indication du *Flora monspeliensis* de Nathhorst, l'*Amaranthus albus* aurait existé à Montpellier dans la première moitié du XVIIIe siècle ; mais comme ni Sauvages ni Gouan ne confirment cette donnée, il faut le supposer entachée d'erreur. Ce n'est que dans les premières années de ce siècle que la plante fait son apparition dans le Midi. Elle était cultivée au Jardin des Plantes en 1804 (Broussonnet, *Elenchus*), et elle s'en est peut-être échappée pour se répandre dans le pays , de 1807 à 1809 (A. D.C. *Géographie botanique*). De nos jours, c'est peut-être le plus commun de tous les *Amaranthus* ; il abonde dans nos vignes, dont il est une des mauvaises herbes.

Amaranthus retroflexus. L. Willdenow (*Species plantarum*) dit la plante originaire de Pensylvanie , et A. De Candolle la croit aussi introduite ; Gouan n'en parle dans aucun de ses ouvrages. Elle était cultivée au jardin en 1805 (Broussonnet, *Elenchus*). L'herbier Pouzin contient sous le nom de *Am. reflexus* un exemplaire cueilli à Lattes en 1811, et qui se rapporte bien à notre *Am. retroflexus.* La plante est à présent commune dans nos environs.

DEUXIÈME THÈSE.

PROPOSITIONS DE ZOOLOGIE DONNÉES PAR LA FACULTÉ.

1º Des caractères ostéologiques de la classe des Oiseaux.

2º Des différents modes de reproduction dans les animaux du groupe des Spongiaires.

Vu et approuvé.
Le 11 mars 1864.
Le Doyen de la Faculté des Sciences,
MILNE EDWARDS.

Permis d'imprimer.
Le 14 mars 1864.
Le Vice-Recteur de l'Académie de Paris,
A. MOURIER.

Montpellier. — Typographie de Boehm et Fils.